CB023139

CANTOR

COLEÇÃO

FIGURAS DO SABER

dirigida por
Richard Zrehen

Títulos publicados

1. *Kierkegaard*, de Charles Le Blanc
2. *Nietzsche*, de Richard Beardsworth
3. *Deleuze*, de Alberto Gualandi
4. *Maimônides*, de Gérard Haddad
5. *Espinosa*, de André Scala
6. *Foucault*, de Pierre Billouet
7. *Darwin*, de Charles Lenay
8. *Wittgenstein*, de François Schmitz
9. *Kant*, de Denis Thouard
10. *Locke*, de Alexis Tadié
11. *D'Alembert*, de Michel Paty
12. *Hegel*, de Benoît Timmermans
13. *Lacan*, de Alain Vanier
14. *Flávio Josefo*, de Denis Lamour
15. *Averróis*, de Ali Benmakhlouf.
16. *Husserl*, de Jean-Michel Salanskis
17. *Os estoicos I*, de Frédérique Ildefonse
18. *Freud*, Patrick Landman
19. *Lyotard*, de Alberto Gualandi
20. *Pascal*, de Francesco Paolo Adorno
21. *Comte*, de Laurent Fédi
22. *Einstein*, de Michel Paty
23. *Saussure*, de Claudine Normand
24. *Lévinas*, de François-David Sebbah
25. *Cantor*, de Jean-Pierre Belna

CANTOR

JEAN-PIERRE BELNA

Tradução

Guilherme João de Freitas Teixeira

Revisão técnica

Michel Paty

Título original francês: *Cantor*

Preparação de texto Maria Aparecida Correa
Revisão de texto Huendel Viana
Projeto gráfico Edilberto Fernando Verza
Composição Johannes C. Bergmann/ Estação Liberdade
Capa Natanael Longo de Oliveira
Editor responsável Angel Bojadsen

CIP-BRASIL. CATALOGAÇÃO-NA-FONTE
Sindicato Nacional dos Editores de Livros, RJ.

B389c

Belna, Jean-Pierre
Cantor/Jean-Pierre Belna; tradução Guilherme João de Freitas Teixeira; revisão técnica Michel Paty. – São Paulo: Estação Liberdade, 2011.
280p. – (Figuras do saber ; 25)

Tradução de: Cantor
Inclui bibliografia
ISBN 978-85-7448-199-9

1. Cantor, Georg, 1845-1918. 2. Matemática. 3. Filosofia. 4. Matemáticos. I. Título. II. Série.

11-3344. CDD 510
CDU 51

Rua Dona Elisa, 116 • 01155-030 • São Paulo – SP
Tel.: (11) 3661-2881 Fax: (11) 3825-4239
http://www.estacaoliberdade.com.br

Sumário

Referências cronológicas

1845	Nascimento, no dia 3 de março, em São Petersburgo, de Georg Ferdinand Ludwig Philipp Cantor, filho de Georg Woldemar Cantor e de Maria-Anna Böhm. Georg é o primogênito de quatro filhos.
1856	A família deixa São Petersburgo e vai para a Alemanha.
1862	Cantor decide dedicar-se à matemática e ingressa na Escola Politécnica de Zurique.
1863	Após a morte do pai, Cantor vai estudar matemática em Berlim, sob a direção de Kummer, Weierstrass e Kronecker.
1867	Obtenção do diploma da Universidade de Berlim.
1869	Tese de habilitação. Cantor ensina na Universidade de Halle, perto de Leipzig; apesar de inúmeras demandas, nunca deixará este estabelecimento de ensino.
1870	Morte de seu irmão caçula, Ludwig. Publicação do primeiro artigo sobre as séries trigonométricas.
1870-71	Guerra franco-prussiana. A Prússia anexa a região da Alsácia-Lorena (leste da França) e torna-se a Alemanha. Bismarck dirige o novo império.

1872 Cantor publica sua "teoria dos irracionais" e exerce a função de professor adjunto. Trava conhecimento com Dedekind, que acaba de publicar *Continuidade e números irracionais*.

1874 Casamento com Vally Gutmann, de quem teve seis filhos. Publicação da primeira demonstração de não enumerabilidade de **R**.

1878 Publicação, apesar da oposição de Kronecker, de *Ein Beitrage zur Mannigfaltigkeitslehre* [Uma contribuição para a teoria dos conjuntos].

1879 Início da publicação da série de textos *Über unendliche lineare Punktmannigfaltigkeiten* [Sobre os conjuntos infinitos e lineares de pontos] concluída em 1884. Cantor torna-se professor titular. Publicação do livro *Ideografia* de Frege.

1882 Disputa com Dedekind, que recusou sua oferta para ensinar em Halle. Cantor trava amizade com Mittag-Leffler, que acabava de fundar a revista *Acta Mathematica*.

1883 *Grundlagen einer allgemein Mannigfaltigkeitslehre* [Fundamentos de uma teoria geral dos conjuntos]. Seus primeiros trabalhos são traduzidos para o francês na revista *Acta Mathematica*.

1884 Viagem a Paris, cidade em que ele descobre ser reconhecido por jovens matemáticos, entre os quais Poincaré. Primeira depressão nervosa e breve hospitalização. Reconciliação aparente com Kronecker. Disputa com Mittag-Leffler, que lhe recusou a publicação de um artigo em *Acta Mathematica*. Ele mostra interesse pela "teoria Bacon-Shakespeare" e volta-se para a metafísica e a teologia. Publicação de *Fundamentos da aritmética* de Frege.

1885 Cantor dá um curso de filosofia que é, rapidamente, suspenso. Publicação do texto *Sobre os diferentes pontos de vista relativos ao infinito atual.*

1886 Nascimento de Rudolf, seu filho caçula.

1887 Husserl torna-se professor da Universidade de Halle.

1888 *Mitteilungen zur Lehre vom Transfiniten* [Comunicações sobre a teoria do transfinito]. Dedekind publica *O que são e o que devem ser os números?*

1889 Publicação de *Arithmetices principia, nova methodo exposita* de Peano.

1890 Cantor é cofundador da *Deutsch Mathematiker Vereinigung* [União dos Matemáticos Alemães] (DMV).

1891 Primeira reunião da Associação, em Halle. Cantor é eleito presidente. Morte de Kronecker.

1892 Nova demonstração de não enumerabilidade de **R**.

1893 Morte de Weierstrass. Publicação do tomo I de *Leis fundamentais da aritmética* de Frege.

1895-97 *Beiträge zur Begründung der transfiniten Mengenlehre* [Contribuições para o fundamento da teoria dos conjuntos transfinitos]. Descoberta dos primeiros paradoxos da teoria dos conjuntos.

1896 Morte da mãe de Cantor.

1896-97 Publicação dos trabalhos sobre a "teoria Bacon-Shakespeare".

1897 Primeiro Congresso Internacional dos Matemáticos. Várias comunicações referem-se aos trabalhos de Cantor.

1899	Retomada da correspondência com Dedekind em que Cantor propõe sua interpretação dos paradoxos. Morte de Rudolf. Início de uma série de hospitalizações em clínica psiquiátrica. Publicação de *Fundamentos da geometria* de Hilbert.
1902	Descoberta, por Russell, do "paradoxo" que leva seu nome.
1903	Publicação do tomo II de *Leis fundamentais da aritmética* de Frege e de *Principles of Mathematics* de Russell.
1904	Primeira demonstração do "teorema da boa ordem" por Zermelo.
1905	*Ex oriente lux*, obra sobre o cristianismo.
1908	Axiomatização da teoria dos conjuntos por Zermelo.
1910-13	Publicação de *Principia Mathematica* de Whitehead e Russell.
1912	Morte de Poincaré. Brouwer publica *Intuicionismo e formalismo.*
1913	Aposentadoria antecipada.
1914	Início da Primeira Grande Guerra.
1916	Morte de Dedekind.
1917	Em maio, última hospitalização de Cantor.
1918	Cantor morre no dia 6 de janeiro na clínica psiquiátrica de Halle.

Notações – símbolos matemáticos

N: conjunto dos inteiros naturais (ou positivos)

Z: conjunto dos inteiros relativos (positivos e negativos).

Q: conjunto dos números racionais (quocientes de inteiros).

R: conjunto dos números reais (números racionais, além dos irracionais como π).

$\mathbf{R}^n$: conjunto das *n*-uplas de números reais. Se x_1, x_2,..., x_n são números reais, então (x_1, x_2,..., x_n) é um elemento de $\mathbf{R}^n$.

E x E: conjunto dos pares compostos por dois elementos de E (escreve-se, também, E^2).

f: A → B: função de um conjunto A em um x → y = f(x) conjunto B, estabelecendo a correspondência entre *x* e *y*.

f(x): imagem de *x* pela função *f* (lê-se "f de x").

sen x: função trigonométrica que, ao ângulo *x*, faz corresponder seu seno.

cos x: função trigonométrica que, ao ângulo *x*, faz corresponder seu cosseno.

[a,b]: intervalo contendo todos os elementos compreendidos entre *a* e *b*, incluindo as extremidades.

]a,b[: intervalo contendo todos os elementos compreendidos entre *a* e *b*, excluindo as extremidades.

∞: infinito.

(u_n): sequência de termo geral u_n.

$\sum_{i=1}^{n} u_i$: $u_1 + u_2 + \ldots + u_n$ (lê-se "soma de 1 até n das u_n").

$\lim_{n \to \infty}$: limite das u_n até o infinito.
$<$: estritamente menor que.
$>$: estritamente maior que.
$\leq$: menor ou igual a.
$\geq$: maior ou igual a.
$\neq$: diferente de.
$|a|$: valor absoluto de *a*. $|a| = a$ se *a* é positivo; $|a| = -a$ se *a* é negativo.
$\sqrt{a}$: número real positivo, cujo quadrado é *a* (lê-se "raiz quadrada de *a*").
i: número complexo, cujo quadrado é igual a -1.
$\in$: pertinência ($a \in A$ significa que *a* é elemento do conjunto A).
$\notin$: não pertinência ($a \notin A$ significa que *a* não é elemento do conjunto A).
$\subset$: inclusão estrita. $A \subset B$ significa que todo elemento de A é, também, elemento de B; além disso, existe um elemento de B que não é elemento de A.
$\cup$: reunião.
$\cap$: interseção.
$\emptyset$: conjunto vazio.
P (M): conjunto das partes (ou subconjuntos) do conjunto M.
$\forall$: quantificador universal ("qualquer que seja").
$\exists$: quantificador existencial ("existe").
$\rightarrow$: flecha de implicação ("$p \rightarrow q$" significa que a proposição *p* implica a proposição *q*).
card M: número cardinal do conjunto M.
ord M: número ordinal do conjunto M.
ω: ordinal de **N** (lê-se "ômega")
$\aleph_0$: cardinal de **N** (lê-se "aleph-0").
c: potência do contínuo.

Abreviações

As abreviações utilizadas remetem às obras e às edições que se seguem:

D'Alembert: Michel Paty, *D'Alembert*, São Paulo: Estação Liberdade, col. "Figuras do Saber", vol. 11, 2005.

Beiträge 1895-1897: Cantor, "Beiträge zur Begründung der transfiniten Mengenlehre" [Contribuições para o fundamento da teoria dos conjuntos transfinitos], in *Mathematische Annalen* 46, 1825-1897, pp. 481-512; 49, pp. 207-246.

Belna 1996: Jean-Pierre Belna, *La Notion de nombre chez Dedekind, Cantor, Frege* [A noção de número em Dedekind, Cantor, Frege], Paris: Vrin, 1996.

Cantor 1970: Cantor, "Principien einer Theorie der Ordnungstypen". (Erste Mittheilung) [Princípios de uma teoria dos tipos de ordem. (Primeira comunicação)], ed. Ivor Grattan-Guinness, in *Acta Mathematica* 124, 1970, pp. 65-105.

Cavaillès 1962: Jean Cavaillès, *Philosophie mathématique* [Filosofia da matématica], Paris: Hermann, 1962.

Charraud 1994: Nathalie Charraud, *Infini et inconscient. Essai sur Georg Cantor* [Infinito e inconsciente. Ensaio sobre Georg Cantor], Paris: Economica, 1994.

Dauben 1979: Joseph Warren Dauben, *Georg Cantor. His Mathematics and Philosophy of the Infinite*, Princeton: Princeton University Press, 1979.

Dugac 1976: Pierre Dugac, *Richard Dedekind et les fondements des mathématiques* [Richard Dedekind e os fundamentos da matemática], Paris: Vrin, 1976.

G.A.: Cantor, *Gesammelte Abhandlungen mathematischen und philosophischen Inhalts* [Obras completas de matemática e filosofia], ed. Ernst Zermelo, Berlim: Springer, 1932.

Grattan-Guinness 1971: Ivor Grattan-Guinness, "Towards a Biography of Georg Cantor", in *Annals of Science* 27, 1971, pp. 345-391.

Grundlagen 1883: Cantor: *Grundlagen einer allgemein Mannigfaltigkeitslehre* [Fundamentos de uma teoria geral dos conjuntos], Leipzig: Leubner, 1883.

Meschkowski 1965: Herbert Meschkowski, "Aus den Briefbüchen Georg Cantor" [Extratos da correspondência de Georg Cantor] , in *Archive for History of Exact Sciences* 2.

Meschkowski 1967: Herbert Meschkowski, *Probleme des Unendlichen. Werke und Leben Georg Cantors* [Problemas do infinito. Obras e vida de Georg Cantor], Braunschweig: Vieweg, 1967.

Mitteilungen 1888: Cantor, *Mitteilungen zur Lehre vom Transfiniten* [Comunicações sobre a teoria do transfinito]. *Zeitschrift für Philosophie und philosophische Kritik* 91, 1887-1888, pp. 81-125; 92, pp. 240-265.

Rivenc, Rouilhan 1992: François Rivenc e Philippe de Rouilhan (eds.), *Logique et fondements des mathématiques. Anthologie (1850-1914)* [Lógica e fundamentos da matemática. Antologia (1850-1914)], Paris: Payot, 1992.

Stetigkeit: Richard Dedekind, *Stetigkeit und irrationale Zahlen* [Continuidade e números irracionais], Braunschweig: Vieweg, 1872.

Zahlen: Richard Dedekind, *Was sind und was sollen die Zahlen?* [O que são e devem ser os números?], Braunschweig: Vieweg, 1888.

Introdução

Georg Cantor, homem de profunda fé, bom pai de família, gênio matemático, ficará na história como o conquistador de um novo território para a matemática, ou seja, o infinitamente grande. Ele forjou o conceito de *transfinito* (ou número infinito), que, além de quantificar o infinito, permite aplicar-lhe as operações da aritmética; e sua *teoria dos conjuntos* tornou-se o próprio alicerce da matemática (papel desempenhado, até então, pelos inteiros naturais[1]) por sua capacidade para tratar todos os objetos matemáticos como uma coleção de elementos, sejam eles finitos ou infinitos. Ao proceder assim, ele forneceu uma "linguagem", um estilo, à sua disciplina e, assim, contribuiu para desvinculá-la da *intuição*, que, há muito tempo, era considerada a base "natural" da matemática. Ficamos lhe devendo, portanto, análises e considerações totalmente inovadoras que permitiram resolver problemas antigos (por exemplo, *haverá diferentes infinitos*?) e tornar possível a elaboração de cálculos e operações julgados, até então, fora de alcance do matemático ou vazios de sentido (por exemplo, sobre *o infinito atual*, cuja existência era contestada, desde Aristóteles; além disso, ele

1. O conjunto dos inteiros naturais é o conjunto {0, 1, 2, 3,...} dos inteiros positivos ou zero; ele é designado por **N**. Cf. Glossário.

havia sido atribuído, pela filosofia ocidental, desde a Idade Média, exclusivamente a Deus). Em resumo, Cantor descobriu um novo mundo no qual tudo ficou de ponta cabeça; sob sua influência, em trinta anos, de 1870 a 1900, a matemática mudou radicalmente de aspecto.

Em relação a Cantor, existe um *antes* e um *depois*; além disso, a ciência atual traz ainda em seu bojo os vestígios, diretos ou indiretos, dessa revolução.

Vejamos o período *antes* de Cantor: com a invenção do cálculo infinitesimal[2] por Newton e Leibniz, no final do século XVII, havia deixado de ser possível contentar-se em resolver problemas por métodos mais ou menos bem-sucedidos. Impôs-se a exigência de caracterizar as condições de resolução, com o maior rigor possível, ou seja, de forma *quantitativa* e *demonstrativa*, portanto, exclusivamente por encadeamentos mecânicos de cálculos e não pelo recurso à "evidência", à "intuição" ou à figuração geométrica. Daí, a lenta progressão de diferentes trabalhos baseados no "novo" cálculo; assim, pela *análise*[3], estuda-se o comportamento de todas as espécies de funções em relação a *variações* extremamente (infinitamente) pequenas. Determinados conceitos, até então *intuitivos*, ou caracterizados *geometricamente* (limite, continuidade, etc.), foram dotados de definições cada vez mais rigorosas, dependendo de um processo de *aritmetização*, ou seja, da substituição de um esquema ou figura por fórmulas *escritas* em linguagem aritmética. Verifica-se uma desconfiança em relação à intuição que "vê", isto é, desconfiança a respeito da nossa capacidade limitada de representação, que será plenamente

2. O cálculo infinitesimal trata de todas as questões associadas à noção de quantidade infinitamente pequena (cf. Glossário). Instrumento poderoso para a física, ele permite a transcrição das *leis físicas* em linguagem matemática.

3. A análise trata de todas as noções matemáticas relacionadas com a noção de número real.

justificada quando for abordado o cerne da matemática cantoriana, o Infinito, que, por sua própria natureza, excede qualquer possibilidade de ser representado.

Esse esforço de rigor encontrava-se ainda em via de realização no momento em que Cantor surgiu no cenário da matemática. Ele contribuiu plenamente para essa operação ao dedicar-se, em primeiro lugar, a problemas de análise que o conduziram a definir, com o auxílio da noção de *limite* de uma sequência, os *números reais*[4]; tratava-se de uma primeira abordagem do infinito. No entanto, tal procedimento não se deve exclusivamente a Cantor. Mas foi ele quem, apoiando-se no que estabelece a distinção entre a infinidade dos inteiros naturais (o *discreto*) e a infinidade dos números reais (o *contínuo*[5]), deu um verdadeiro salto no infinito: ele o *quantificou*. Considerando os conjuntos infinitamente grandes como *totalidades*, ele conseguiu atribuir-lhes um número, chamado *transfinito*; ao proceder assim, ele descobriu que existe uma infinidade de *diferentes* infinitos numéricos.

Em matemática certamente não existe geração espontânea; e esse avanço inscreveu-se na continuidade da história da disciplina. No entanto, tratava-se realmente de uma *ruptura* com o passado. Neste livro, pretendemos propor ao leitor a descoberta da gênese dessa "revolução"; daí, uma abordagem, ao mesmo tempo, temática e cronológica da criação cantoriana. Procuramos mostrar como surgiu o que deu celebridade a Cantor: *a teoria dos conjuntos e dos números transfinitos*, desde os primeiros

4. O conjunto dos números reais é a reunião dos racionais (números suscetíveis de serem escritos sob a forma de um inteiro, tais como -2 e +3, ou de um quociente de inteiros, por exemplo -1/2 e +2/3) e dos irracionais (números que não podem ser escritos sob esta última forma – por exemplo, $\sqrt{2}$ e π). Este conjunto é designado por **R**. Cf. Glossário.

5. O conjunto **R** pode ser assimilado a uma reta (chamada "reta real"), em que cada um de seus pontos corresponde a um só e único número real, e reciprocamente ("contínuo" opõe-se a "discreto"). Cf. cap. II, 1.1., e Glossário.

textos sobre os números reais (1872) até a exposição "definitiva" da teoria cantoriana (1895-1897), passando pela formulação da distinção entre *enumerável* e *contínuo*[6] (1874), pela introdução da noção de *potência*[7] (1878) e pelo estudo dos conjuntos infinitos e lineares de pontos (1879-1884).

Em tal exercício, alguns conceitos matemáticos devem ser levados em consideração. Evitamos, tanto quanto possível, entrar em detalhes demasiado técnicos de tal modo que, às vezes, fomos obrigados a simplificar. Que o especialista – neste livro, nosso intuito consistiu em mostrar para o leitor comum a beleza e a grandeza de uma obra difícil – nos perdoe esta abordagem de trabalhos em que superabundam ideias originais e observações sutis.[8] Compreender-se-á, entretanto, que um mínimo de explicações técnicas é necessário para entender as teorias cantorianas; assim, tentamos tornar mais fácil o acesso do leitor leigo a essas teorias. Aliás, um glossário, no final deste livro, poderá ajudá-lo a compreender a significação das noções matemáticas encontradas com maior frequência.

Depois de expor as teorias de Cantor, analisaremos suas implicações filosóficas. A questão do infinito é tipicamente *metafísica* e *teológica*; ela permeia toda a história da filosofia ocidental. Cantor contribuiu para lhe fornecer uma nova elucidação: ao controlar o infinitamente grande, ele o laicizou de algum modo, inscrevendo-o em um discurso

6. Um conjunto infinito será enumerável – termo forjado por Cantor, que traduz a expressão "que se pode contar até o infinito" – se ele tiver o mesmo número de elementos que **N**. E será contínuo se o número de seus elementos for semelhante ao de **R**. Cf. Glossário.

7. Dois conjuntos têm a mesma potência se cada elemento de um deles corresponder a um elemento do outro, e reciprocamente. É assim que se pode determinar o número de elementos contidos em um conjunto, mesmo quando ele é infinito.

8. Para mais detalhes, consultar os textos mencionados nas notas de rodapé ou na bibliografia.

matemático que o torna acessível ao entendimento, supostamente finito, do ser humano. O próprio Cantor abordou essa problemática ao dialogar com alguns teólogos de seu tempo. Por sua vez, a teoria dos conjuntos refere-se ao fundamento da matemática: tema não só matemático, no sentido estrito, já que se trata, afinal de contas, de fornecer uma definição aceitável dos números; mas também filosófico, uma vez que está em jogo a constituição de uma ciência. Portanto, dedicar-se à matemática é, também, *pensar* no sentido mais elevado do termo.

No entanto, a história não para por aí. A noção de conjunto infinito suscita problemas insuspeitos antes que ela tivesse sido desvelada; correlativamente, novos métodos foram adotados para resolvê-los. Tal processo irá desenrolar-se através de debates entre diferentes "escolas" matemáticas. O que foi designado como a "crise dos fundamentos" faz parte da posteridade cantoriana: impunha-se a revisão da noção "ingênua" de conjunto[9], forjada por Cantor; aliás, ela será empreendida, em particular, por Hilbert e Bourbaki[10], cujo trabalho consistiu em reescrever toda a matemática a partir da noção de conjunto.

Eis o que se pode dizer, do ponto de vista matemático, acerca do período *depois* de Cantor. Veremos também os prolongamentos *externos* (na física, nas ciências humanas, etc.) possíveis ou, talvez, vindouros: a teoria cantoriana tem apenas um século de existência e, certamente, ainda não produziu todos os seus frutos. Tendo-se tornado, atualmente, um "clássico", Cantor

9. Diz-se de forma "ingênua", "natural", que um conjunto é uma coleção de elementos; no âmbito de uma formulação axiomática da teoria, deve ser utilizado outro procedimento (cf. cap. V, 5.4.3).

10. Nicolas Bourbaki é o pseudônimo adotado por um grupo de matemáticos franceses – na maioria, ex-estudantes da École Normale Supérieure –, criado em 1935, tendo publicado uma série de volumes intitulados *Éléments de mathématiques* [Elementos de matemática], cada um é dedicado a uma disciplina matemática.

não deixa de ser "moderno": ele fornece respostas a questões antigas que continuam, ao mesmo tempo, atuais; ao inscrever-se em uma corrente de matemáticos muito importante em seu tempo, não deixou de impregnar suas teorias de um caráter excepcionalmente criativo.

Matemático atormentado, Cantor é tomado por uma vertigem diante da descoberta de um oceano: uma teoria nova. Matemático "místico", ele empreendeu a via de uma concepção *transcendente* do infinito *aritmético*. Matemático "revolucionário", ele chegou a proclamar:

> A essência da *matemática* reside precisamente em sua liberdade.[11]

Tal afirmação não deve, evidentemente, induzir-nos a entender que Cantor reivindicava, daí em diante, a autorização para dizer ou propor o que lhe aprouvesse; em vez disso, tratava-se de exprimir uma nova exigência:

> A matemática é plenamente livre em seu desenvolvimento e está submetida apenas a esta obrigação: seus conceitos devem ser, em si mesmos, *não contraditórios*; por outro lado, com os conceitos formados anteriormente, já presentes e consolidados, eles devem manter *relações fixas*, reguladas por definições.[12]

No entanto, Cantor era também crente, como já foi dito, e um homem exaltado, dotado de uma personalidade frágil. Determinados episódios dolorosos – alguns dos quais estão

11. Cantor, *Gesammelte Abhandlungen mathematischen und philosophischen Inhalts* [Obras completas de matemática e filosofia], ed. E. Zermelo, Berlim, Springer, 1932 (daqui em diante, *G.A.*), p. 182.

12. *G.A.*, p. 182. As expressões em caracteres romanos não se encontram assim na citação original. Fizemos questão de colocar essas expressões em itálico para enfatizá-las.

associados às dificuldades de sua criação matemática – precederam um fim trágico: Cantor morreu numa clínica psiquiátrica, alguns meses antes do fim da Primeira Guerra Mundial. É essa "vida de matemático" que vamos relatar em um primeiro momento. Não procedemos a um estudo aprofundado de sua personalidade; contentamo-nos em sublinhar os traços, comportamentos e testemunhos mais pertinentes.[13] Mas não cedamos à tentação do romantismo, apesar de Cantor fazer plenamente parte do século XIX: suas primeiras dificuldades de ordem psíquica não foram a consequência de sua genialidade em matemática, mas haviam surgido antes que ela se tivesse manifestado em toda a sua plenitude.

13. Para mais detalhes sobre a bibliografia de Cantor, cf. Herbert Meschkowski, *Probleme des Unendlichen. Werke und Leben Georg Cantors* [Problemas do infinito. Obras e vida de Georg Cantor], Braunschweig, Vieweg, 1967 (daqui em diante, *Meschkowski 1967*); e Nathalie Charraud, *Infini et inconscient. Essai sur Georg Cantor*, Paris, Economica, 1994 (daqui em diante, *Charraud 1994*).

I

Uma vida de matemático

1. Cantor estudante

1.1. Uma educação rígida

Georg Cantor nasceu em São Petersburgo, em 1845; a mãe era católica, mas convertera-se ao protestantismo, religião do pai.[1] Primogênito de uma família de quatro filhos, ele conservará sempre uma comovente lembrança da infância feliz passada na Rússia; mas, devido ao estado de saúde do pai, a família foi obrigada a instalar-se em Frankfurt, em 1856. Homem de negócios, afortunado e culto, cuja religiosidade vai marcar a personalidade do matemático, o pai de Cantor empenhou-se em aprimorar sua educação e escolaridade, tanto mais que se apercebera, bem cedo, de suas capacidades. Mesmo tendo desejado para o primogênito uma orientação científica, não chegou a vislumbrar nele um futuro matemático. É para o liceu de Darmstadt, cidade próxima de Frankfurt, que ele envia o filho para cursar o ensino médio como pensionista.

---

1. Evitaremos, aqui, o debate a respeito do judaísmo da família paterna de Cantor: as respostas são divergentes com argumentos aceitáveis nos dois campos – Cf. Ivor Grattan-Guinness, "Towards a Biography of Georg Cantor", in *Annals of Science* 27, 1971 (daqui em diante, *Grattan-Guinness 1971*), pp. 351-352; e *Charraud 1994*, pp. 7-10.

Desejoso de que o filho recebesse a instrução mais abrangente possível, ele insistiu sobre a necessidade de cultivar o sentimento religioso, a aprendizagem de línguas estrangeiras, a importância das "humanidades" para o desenvolvimento do espírito, além do trabalho nas diversas disciplinas científicas. Estava também fora de questão que Georg negligenciasse o estudo do violino, um dom que herdara de sua mãe. Tudo isso foi explicado na carta enviada ao filho, em 1860, cuja conclusão é a seguinte:

> Se Deus quiser, [você será] mais tarde, talvez, uma *estrela brilhante* no firmamento da ciência.[2]

Cantor se submeterá totalmente à vontade do pai, e conservará essa carta durante toda sua vida.

1.1.2. A escolha da matemática

Em 1861, Cantor decidiu dedicar-se à matemática; aliás, essa escolha teria sido ditada por uma "voz secreta e desconhecida"[3]. Tendo se tornado bacharel, e encorajado pelo assentimento paterno, ele ingressou na Escola Politécnica de Zurique, em 1862, para completar sua formação científica. A morte do pai, em 6 de junho de 1863, obrigou Cantor a deixar Zurique para instalar-se em Berlim, cuja universidade tornara-se um dos mais renomados centros europeus na área da matemática. A partir desse momento, Cantor deixará de fazer menção ao pai.

Tendo dominado a Europa da matemática, no início do século XIX, a França, nesse momento, havia sido suplantada pela Alemanha. Na época em que Cantor empreende

2. Abraham Fraenkel, "Georg Cantor", in *Jahresbericht der Deutschen Mathematiker-Vereinigung* 39, 1930, p. 191.

3. Carta de Cantor enviada ao pai em 25 de maio de 1862 (*G.A.*, p. 453). Essa é a mais antiga carta que nos resta do matemático.

os estudos universitários, um trio de grandes matemáticos atrai os estudantes a Berlim: Kummer, Weierstrass e Kronecker.[4] Ali, Cantor travou amizade com Schwarz, outro futuro grande matemático.[5] Em Berlim, obviamente, ele estuda matemática, mas também física e filosofia, tendo obtido o diploma da universidade no final de 1867. Sua dissertação trata da teoria dos números, ramo da álgebra que se ocupa das questões relativas aos inteiros naturais, cuja conclusão constituía, por si só, um verdadeiro programa:

> Na matemática, a arte de formular questões é mais estimulante que a de resolvê-las.[6]

Todos os trabalhos subsequentes foram dedicados ainda à aritmética e à álgebra, assim como a tese de doutorado, defendida na primavera de 1869, que lhe conferiu o grau de *Privatdozent*, ou seja, assistente remunerado pelos estudantes, função que passou a exercer imediatamente na universidade de Halle. A escolha desses temas de pesquisa deveu-se, possivelmente, a Kronecker. Somente a partir de 1870 – provavelmente sob a influência de Weierstrass e de Heine[7], que já lecionava em Halle –, Cantor se voltou para

4. O essencial dos trabalhos de Ernst Kummer (1810-1893) diz respeito à álgebra; tendo sido professor de Kronecker, desde o ensino médio, uma estreita amizade se manteve entre eles. Por sua vez, a importância de Karl Weierstrass (1815-1897) e de Leopold Kronecker (1823-1891) na vida e obra de Cantor foi tão relevante que será referida, detalhadamente, no momento oportuno.

5. Hermann Schwarz (1843-1921), substituto de Weierstrass em Berlim, em 1892, e genro de Kummer, trabalhou com as funções analíticas, as equações com derivadas parciais, assim como com a teoria do potencial e das superfícies.

6. *G.A.*, p. 31.

7. Eduard Heine (1821-1881) é autor de trabalhos sobre a teoria das funções, as séries trigonométricas, a topologia e a teoria do potencial.

a análise e, em particular, para o estudo das séries trigonométricas. Por sua vez, Halle era uma cidade da Alemanha Oriental, próxima de Leipzig, cuja universidade não tinha o prestígio de que usufruíam as de Göttingen ou de Berlim; apesar de repetidos esforços para deixá-la, Cantor acabará fazendo toda a sua carreira nessa cidade.

No momento em que Cantor iniciava a abordagem do domínio da análise, outra morte ocorreu em sua família, a do irmão caçula, Ludwig, a respeito do qual pouco se sabe: com um ano a menos que o primogênito, apesar de ter frequentado as mesmas escolas do irmão, era o oposto de Georg, em particular, no que se refere ao insucesso nos estudos, que acabou abandonando, em 1862, para se lançar nos negócios. Em 1863, depois da morte do pai, ele vai para os Estados Unidos, onde morre em 1870, em um estado de grande decadência física e moral.

2. Dos primeiros trabalhos à primeira crise mental

2.1. Das séries trigonométricas ao início da teoria dos conjuntos

As primeiras publicações de Cantor incidiram, portanto, sobre as séries trigonométricas. A dissertação mais importante foi publicada em 1872: *Sobre a extensão de um teorema relativo à teoria das séries trigonométricas*. Para sua demonstração, Cantor começou por expor sua teoria dos reais e prosseguiu pela apresentação de alguns elementos de topologia[8]. Na sequência desse artigo, ele assumiu uma nova orientação em suas pesquisas.

No final de 1873, Cantor não se deu conta, imediatamente, da importância de uma questão que ele se havia formulado: como demonstrar a existência de dois infinitos

8. A topologia trata das propriedades locais de qualquer espaço. Cf. Glossário.

distintos, por um lado, o infinito – enumerável – de **N** (o conjunto dos inteiros naturais) e, por outro, o infinito – contínuo – de **R** (o conjunto dos números reais)? A prova foi publicada no *Journal de Crelle*[9], em 1874. A nova teoria dos conjuntos teve, na época, um acolhimento muito discreto, porque, por trás do que ele designava por "condições reinantes em Berlim"[10], Cantor suspeitava de certa desconfiança de Weierstrass em relação a seu trabalho, assim como da desaprovação de Kronecker. A dissertação de 1878, *Uma contribuição para a teoria dos conjuntos*, cuja introdução consiste no esboço da teoria dos conjuntos, vai suscitar uma polêmica mais violenta. Cantor queixou-se da demora na publicação de sua dissertação no *Journal de Crelle*, suspeitando da intervenção de Kronecker; no entanto, é difícil distinguir entre o que se passou realmente e o sentimento de perseguição experimentado pelo próprio Cantor.

De qualquer modo, ele optou pela revista *Mathematische Annalen* para publicar, no período de 1879 a 1884, a série de seis artigos *Sobre os conjuntos infinitos e lineares de pontos*: não porque o *Journal de Crelle* o tenha barrado, mas porque simplesmente renunciou a editar seus textos, tanto mais que, na revista escolhida, o ritmo de publicação era mais rápido. A quinta dissertação, datada de 1883, foi editada, em separata, no mesmo ano, sob a forma de opúsculo. De acordo com seu título, *Fundamentos de uma teoria geral dos conjuntos* – daqui em diante, designada sob a denominação de *Grundlagen 1883* –, tratou-se de uma verdadeira reviravolta na obra cantoriana:

9. Derivado de August Crelle (1780-1855), que fundou o periódico em 1826.

10. Carta enviada a Dedekind em 27 de dezembro de 1873. – Cf. Jean Cavaillès, *Philosophie mathématique*, Paris, Hermann, 1962 (daqui em diante, *Cavaillès 1962*), p. 193.

1. Pela primeira vez, aparecia, explicitamente, a noção de número transfinito, ou seja, número pertencente a um conjunto infinito.

2. Foi a primeira incursão de Cantor no domínio da filosofia.

3. Seu conteúdo era tão inovador e original que provocou acirradas polêmicas que vão alimentar o ressentimento de Cantor diante da comunidade dos matemáticos.

2.2. *Encontros e disputas*

2.2.1. Cantor e Dedekind

O primeiro encontro decisivo para Cantor foi de ordem profissional: por acaso, durante suas férias na Suíça, em 1872, travou conhecimento com Richard Dedekind (1831-1916); assim, iniciava-se uma amizade e uma correspondência duradouras, apesar de algumas interrupções, durante quase trinta anos.[11] O conteúdo dessa correspondência é fundamental para compreender a gênese da teoria dos conjuntos e alguns trechos são fecundos de ensinamentos sobre a vida pessoal dos dois matemáticos; em várias oportunidades, ela mostra um Cantor quase assustado diante de suas próprias descobertas, solicitando ao amigo, quinze anos mais velho, a verificação da validade de suas demonstrações.

De fato, Dedekind já havia granjeado justa reputação por seu rigor demonstrativo; a exemplo de Cantor, ele

11. Essa correspondência foi publicada em vários momentos: Emmy Noether e Jean Cavaillès (eds.), *Briefwechsel Cantor-Dedekind* [Correspondência Cantor-Dedekind], Paris, Hermann, 1937 (trad. em *Cavaillès 1962*, pp. 177-251); Ivor Grattan-Guinness, "The Rediscovery of the Cantor-Dedekind Correspondance", in *Jahresbericht der Deutschen Mathematiker-Vereinigung* 76, 1974, pp. 104-139; Pierre Dugac, *Richard Dedekind et les fondements des mathématiques*, Paris, Vrin, 1976 (daqui em diante, *Dugac 1976*), pp. 223-262.

visava a eliminar o recurso à geometria nas demonstrações de análise e, no mesmo ano, publicou sua própria teoria dos reais. Foi, também, o autor de uma obra magnífica em que ele definiu os inteiros naturais.[12] No entanto, a maioria de seus trabalhos são dedicados à álgebra, e é enquanto algebrista que ele raciocina em aritmética e em análise. Aluno de Gauss em Göttingen[13], ele foi professor, em 1858, na Escola Politécnica de Zurique; e, de 1861 até a aposentadoria, na universidade de Brunswick, sua cidade natal. Apesar de ser mais equilibrado que Cantor e mais "clássico" em seus métodos, nem por isso deixou de ser um inovador: em particular, em sua maneira de abordar toda a espécie de problemas matemáticos em termos de estruturas. E mesmo que se tenha limitado a acolher com benevolência o aprofundamento da noção de transfinito empreendido por Cantor, foi ele quem forneceu a primeira definição de um conjunto infinito – definição tão moderna que, ainda hoje, se mantém sem qualquer alteração.[14]

12. Richard Dedekind, *Stetigkeit und irrationale Zahlen* [Continuidade e números irracionais], Braunschweig, Vieweg, 1872 (daqui em diante, *Stetigkeit*); e *Was sind und was sollen die Zahlen?* [O que são e devem ser os números?], Braunschweig, Vieweg, 1888 (daqui em diante, *Zahlen*).

13. Carl Friedrich Gauss (1777-1855), "o príncipe dos matemáticos", é um dos maiores matemáticos de todos os tempos. Suas descobertas abrangem praticamente todos os domínios da matemática. Na época, graças a ele, a universidade de Göttingen, assim como a de Berlim, era a mais renomada da Alemanha.

14. Foi ele e não Cantor – como é afirmado, às vezes, erroneamente – quem forjou essa definição (*Zahlen*, nº 64): "Um conjunto será infinito se estiver em bijeção com um de seus verdadeiros subconjuntos." (cf. Glossário). Em outras palavras, um conjunto E será infinito se contiver um conjunto E' diferente de E, de tal modo que, a todo elemento de E, corresponda um único elemento de E', e reciprocamente. Por exemplo, o conjunto dos inteiros naturais é infinito: além de conter o conjunto dos inteiros pares, está em bijeção com ele (estabelece a correspondência entre cada inteiro com seu duplo). Para mais esclarecimentos, cf. cap. III, 1.1.3.

2.2.2. Nomeação para a universidade de Halle e casamento

Tendo sido nomeado professor auxiliar em 1872, Cantor tornou-se titular da cátedra em 1879. No entanto, durante toda a vida profissional, manifestou sua decepção por não ter trocado Halle por uma universidade mais prestigiosa, tais como as de Göttingen ou de Berlim; estava convencido de que alguém impedia de proceder a essa troca, objeto de seus sonhos. Apesar de repetidas demandas, tal sonho nunca chegará a tornar-se realidade, talvez, porque seus trabalhos foram hostilizados pelos conservadores que, na época, dominavam a área da matemática na Alemanha; felizmente, bem cedo, criou o hábito de passar os fins de semana em Berlim, cidade em que a atmosfera era muito mais estimulante para suas pesquisas.

Por ocasião de uma dessas frequentes viagens, travou conhecimento, em 1874, com Vally Guttmann, uma amiga de sua irmã, Sofia; tratava-se de uma órfã judia, amante de música e, sobretudo, bem-humorada, que morava na capital. Tendo ficado noivos em março, casaram-se em agosto. Vally teve de converter-se ao protestantismo, mas sem grande convicção. Durante os poucos meses de noivado, as cartas trocadas entre eles mostram uma mulher jovem apaixonada e um homem repleto de ternura que, apesar disso, forneceu à futura esposa esta indicação preciosa sobre a fragilidade precoce de sua personalidade:

> Fique sabendo que, sem causa real, posso ser vencido pelo aspecto sério da vida.[15]

A vida em comum foi, em todo caso, feliz e tiveram quatro moças e dois rapazes. Em 1886, a família já estava constituída e instalou-se definitivamente, em Halle, em

15. Citado em *Charraud 1994*, p. 59.

uma grande casa que Cantor havia mandado construir depois de ter percebido que nunca deixaria a cidade.

2.2.3. Conflito com Dedekind

A ruptura com Dedekind ocorreu após o óbito, em outubro de 1881, de Heine, o único colega brilhante de Cantor, em Halle; com a aprovação de sua hierarquia, Cantor propôs uma lista de três substitutos, encabeçada pelo nome de Dedekind. A correspondência entre os dois matemáticos, de novembro de 1881 a janeiro de 1882, relata-nos a história do fracasso dessa nomeação. A solicitude de Cantor em propor o trabalho ao amigo no mesmo estabelecimento transparece em cada uma de suas cartas. No entanto, provavelmente, tal desejo não teria apenas uma conotação afetiva: por ter perdido a esperança de deixar, um dia, a universidade de Halle, ou por ter a aspiração de transformá-la em um centro de vanguarda da matemática, ele esperava garantir a colaboração de Dedekind.

Tendo recusado, imediatamente, tal oferta, Dedekind manterá sua posição, apesar dos argumentos de Cantor, que faz menção ao apoio de Kummer, Kronecker e, sobretudo, de Weierstrass. Para rejeitar o que teria sido para ele uma promoção, Dedekind apresentava, oficialmente, razões de ordem familiar e financeira: vivia tranquilamente em Brunswick, rodeado pela afeição dos parentes e sentia-se incapaz de abandonar a mãe, já idosa; além disso, a remuneração oferecida era inferior àquela de que já auferia. Mesmo tendo afirmado, delicadamente, o prazer que teria em trabalhar com Cantor, pode-se duvidar da sinceridade de Dedekind: em suas cartas, transparece o temor de entrar em conflito com um homem tão impulsivo quanto o amigo de Halle. Sua recusa provocou, sem dúvida, uma profunda decepção em Cantor, confirmada pela interrupção da correspondência entre eles, desde o final de 1882 até 1899.[16] O mesmo fenômeno produziu-se com Schwarz, que, em 1880, manifestou uma nítida oposição a seus trabalhos; e, mais tarde, em 1885, com Klein[17], que havia obtido, em Göttingen, o posto ambicionado por ele.

2.2.4. Cantor e Mittag-Leffler

Felizmente para Cantor, na ocasião do desentendimento com Dedekind, ele entrou em contato com outra personalidade importante da época: o matemático sueco Gösta Mittag-Leffler (1846-1927), menos conhecido por sua obra no domínio da matemática que pelo papel desempenhado na difusão das descobertas contemporâneas. Tendo se tornado riquíssimo por seu casamento[18], ele fundou em 1882 uma nova revista de matemática, *Acta Mathematica*; de saída, ele se propôs a publicar as traduções francesas da maior parte dos artigos de Cantor, editados desde 1872. Tendo sido aceita essa ideia, as traduções – não assinadas e elaboradas por um grupo de matemáticos

16. Depois da recusa definitiva de Dedekind, os outros dois nomes propostos por Cantor não foram aceitos em Halle. Para esse posto, foi nomeado um matemático obscuro, Wangerin, com o qual Cantor nunca chegou a estabelecer relações estreitas.

17. Felix Klein (1849-1925) é autor do *Programa de Erlangen*, que, ao estabelecer o vínculo entre a teoria dos grupos e a geometria, influenciará as pesquisas na área da matemática até o final do século XIX. A partir de 1876, e durante quarenta anos, ele foi diretor de redação de *Mathematische Annalen*.

18. Vejamos uma historieta – talvez, lendária – a propósito desse casamento: Alfred Nobel teria cortejado, também, sua mulher; essa decepção sentimental é que teria impedido a instituição do Prêmio Nobel de Matemática. Assim, a mais elevada distinção nesta disciplina é a "Medalha Fields" – nome do matemático canadense John Charles Fields (1863-1932), que havia apresentado a proposta para remediar essa lacuna; ela é atribuída, de quatro em quatro anos, desde 1950.

que trabalhavam com Hermite[19] – foram revistas, na sua maioria, pelo próprio Cantor e publicadas em 1883, mas não são muito boas; ele enviou sua última contribuição para essa revista, em 1885.

Um sério incidente interveio, efetivamente, no início desse ano. A correspondência com Mittag-Leffler de 1883-1884 mostra que Cantor continuava à procura de uma solução para o problema do contínuo[20]; tendo se voltado para uma nova teoria, a dos tipos de ordem, por meio da qual esperava responder à questão, tendo redigido *Princípios de uma teoria dos tipos de ordem*, com esse objetivo. Mesmo que a dissertação não fornecesse a resposta, Cantor empenhou-se em sua publicação porque se tratava de um desenvolvimento considerável da teoria dos conjuntos: a noção de tipo de ordem generaliza a de número ordinal, apresentada nos *Grundlagen* de 1883.[21]

O artigo estava pronto para ser impresso no final de fevereiro de 1885; no entanto, para grande surpresa de Cantor, Mittag-Leffler propôs o adiamento de sua publicação.[22] Ele invocou o fato de que o problema do contínuo

19. Charles Hermite (1822-1901), reputado especialista de álgebra e professor, era célebre por sua repulsa pela geometria; foi ele quem demonstrou, em 1873, a transcendência de *e*, base dos logaritmos neperianos [Do nome de seu "inventor", o matemático escocês John Napier (lê-se e escreve-se, em geral, Neper) (1550-1617)].

20. Veremos, mais adiante, que Cantor construiu uma sequência crescente de números transfinitos. O problema do contínuo consiste em se questionar sobre a posição, nessa sequência, do número de elementos contidos em um conjunto contínuo (cf. Glossário). Para mais esclarecimentos, remetemos o leitor para os capítulos III a V.

21. O *ordinal* de um conjunto é o número, finito ou infinito, que lhe é atribuído, considerando a ordem de seus elementos. Cf. Glossário.

22. A dissertação de Cantor só foi descoberta recentemente: *Principien einer Theorie der Ordnungstypen (Erste Mittheilung)* [Princípios de uma teoria dos tipos de ordem (Primeira comunicação)]. ed Ivor Grattan-Guinness, in *Acta Mathematica* 124, 1970, pp. 65-105 (daqui em frente, *Cantor 1970*).

ainda não havia encontrado solução; além disso, por sua novidade, por sua terminologia e pelas considerações filosóficas atinentes, a teoria corria o risco de chocar o público. Mittag-Leffler não estava forçosamente equivocado, mas Cantor acreditava, sobretudo, que o diretor de *Acta Mathematica* não desejava solapar a reputação de sua nova revista com a publicação de um texto suscetível de chocar, ainda mais que os precedentes artigos, os "poderosos de Berlim" (ou seja, Weierstrass, Kummer e Kronecker)[23]. Tal situação foi vivenciada como uma "catástrofe", de acordo com suas próprias palavras, e exerceu um efeito devastador sobre seus sentimentos em relação à comunidade dos matemáticos e à própria matemática. Assim, ele perdia o único apoio que lhe restava em favor dos números transfinitos.

2.3. Polêmica com Kronecker

Já foi mencionado que Cantor suspeitava, com ou sem razão, que alguns matemáticos difamavam seus trabalhos. Kronecker foi o mais feroz de seus inimigos: no início, os dois mantiveram excelentes relações já que, em um breve artigo de 1871, Cantor agradeceu a ajuda de seu ex-professor. A situação degradou-se logo, sem que se tratasse necessariamente de uma obstrução sistemática por parte de Kronecker: algumas de suas observações eram, do ponto de vista matemático, justificáveis. A polêmica, no começo subjacente, tornou-se pública a partir de 1882: Cantor preveniu Dedekind de que Kronecker, ao comportar-se como "pequeno déspota", armava um complô contra seu amigo.[24] Apesar de surpreso, Dedekind recusou

23. Carta enviada a Poincaré (cf., mais adiante, nota 31) em 22 de janeiro de 1896 (*Cantor 1970*, p. 105).

24. Carta enviada a Dedekind em 16 de fevereiro de 1882 (*Dugac 1976*, p. 252). Kronecker era de baixa estatura.

emitir um juízo demasiado severo: de acordo com sua resposta, Kronecker "não está mal intencionado", mas "mostra-se confuso, às vezes, em suas próprias ideias".[25]

Entretanto, até aí, Cantor não havia sido atingido diretamente. Em 1883-1884 é que ele confiou a Mittag-Leffler ter sido vítima da hostilidade de Kronecker, que considerava seu trabalho como "impostura", de acordo com sua afirmação no verão de 1883.[26] Ficou tão irritado que, no final do ano, enviou uma carta ao Ministério da Educação, na qual se queixava das atitudes de Kronecker (e de Schwarz) para impedi-lo de obter um posto vacante, em Berlim, na primavera do ano seguinte. Tal iniciativa era explicada ao amigo em termos a um só tempo humorísticos e muito pouco amáveis.

A irritação tornou-se mais violenta e o tom menos irônico nas cartas subsequentes. Kronecker acabava de anunciar a Mittag-Leffler sua intenção de publicar um artigo em *Acta Mathematica* a fim de mostrar "que os resultados da teoria moderna das funções e da teoria dos conjuntos estão destituídos de qualquer alcance real".[27] Nessa tentativa, Cantor vislumbrou uma verdadeira trama destinada a destruir sua amizade com Mittag-Leffler e expulsá-lo de uma revista que o havia acolhido com simpatia. Os termos utilizados tornaram-se cada vez mais injuriosos, mas a "conspiração" não se efetivou: Kronecker nunca enviará qualquer texto para a revista.

25. Carta envida a Cantor em 17 de fevereiro de 1882 (*Dugac 1976*, p. 254).

26. Carta enviada a Mittag-Leffler em 9 de setembro de 1883 – citado em Joseph Warren Dauben, *Georg Cantor. His Mathematics and Philosophy of the Infinite*, Princeton, Princeton University Press, 1979 (daqui em diante, *Dauben 1979*), p. 134.

27. Cantor citava, aqui, as afirmações de Kronecker. Cf. carta enviada a Mittag-Leffler em 26 de janeiro de 1884, in A. Schoenflies, "Die Krisis in Cantor's mathematischem Schaffen" [A crise na criação matemática de Cantor], in *Acta Mathematica* 50, 1927, p. 5.

No verão de 1884, Cantor voltou a manifestar sentimentos mais afáveis e a exprimir seu pesar por uma questão que se transformara em ataques pessoais; em agosto, com a intenção de conseguir a reconciliação, ele tomou a iniciativa de escrever para Kronecker. A resposta foi positiva e deu-se um encontro, em outubro, na casa deste último, mas sem grande resultado: entre os dois matemáticos, existia uma irredutível oposição no plano filosófico e matemático; além disso, Cantor pensava que o conteúdo dos *Grundlagen* teria incomodado um homem da "velha escola". Apesar de estar persuadido de que nunca chegaria a convencer Kronecker da validade de suas ideias, Cantor regozijou-se com essa tentativa de aproximação: ele mantinha a expectativa de ver seu ex-professor manifestar publicamente suas próprias concepções e, de acordo com a carta enviada para Mittag-Leffler, desejar-lhe ironicamente boa sorte. No entanto, a paz não perdurou e Cantor continuará a encarar Kronecker como um inimigo; apesar dessa tranquilidade provisória, esse episódio deixará vestígios duradouros.

2.4. *Primeira depressão*

Outro motivo de exasperação: o obstáculo que constitui o problema do contínuo que transformava a teoria dos conjuntos em uma "terra incógnita", segundo a expressão latina utilizada pelo próprio Cantor.[28] Em 1884, ele ficou especialmente atormentado por sua incapacidade de encontrar a solução de um problema aparentemente simples. Essa "crise" teve, no início, uma consequência feliz, ou seja, a teoria dos tipos de ordem; e, em seguida, infeliz, por

28. Carta enviada a Mittag-Leffler em 5 de maio de 1883 (citado em *Dauben 1979*, p. 133; e *Charraud 1994*, p. 121).

um lado, pela não publicação da dissertação em que ela foi exposta e, por outro, pela ruptura com Mittag-Leffler.

Já vimos como o acolhimento de seus trabalhos – em particular, os *Grundlagen* – pelos matemáticos alemães havia sido absolutamente indiferente. Tendo rompido com Dedekind e sabendo que havia sido abandonado por Weierstrass, Cantor sentia-se cada vez mais isolado em seu país, mesmo afirmando que não estava preocupado com o julgamento dos colegas alemães, em razão "das circunstâncias da época".[29] Frege, matemático e lógico bastante incompreendido também no mesmo período, é a exceção que confirma a regra. Em 1884, ele elogiou os *Grundlagen*:

> Em uma obra notável, G. Cantor apresentou, recentemente, os números infinitos.[30]

Apesar de estar convencido de que Hermite se afastava dele, é na França que seu trabalho foi mais bem recebido; por ocasião de uma viagem a Paris, na primavera de 1884, Cantor ficou sabendo com surpresa que o jovem Poincaré, entre outros matemáticos franceses, se baseava em seus textos para empreender as próprias pesquisas.[31]

Neste contexto tumultuado é que ocorreu a primeira depressão nervosa de Cantor, a respeito da qual não existe

29. Carta enviada a Mittag-Leffler em 20/28 de outubro de 1884 (*Cantor 1970*, pp. 74-75).

30. Gottlob Frege, *Fondements de l'arithmétique*, trad. de C. Imbert, Le Seuil, 1969, p. 209. Gottlob Frege (1848-1925) é o fundador da lógica moderna e o pai do logicismo, ou seja, a filosofia matemática que afirma a redutibilidade da matemática à lógica; foi um leitor atento dos trabalhos de Cantor.

31. Henri Poincaré (1854-1912), matemático, físico e astrônomo, era primo de Raymond, presidente da República Francesa de 1913 a 1920. Mais tarde, em decorrência de sua tomada de posição em favor do papel da intuição na matemática, foi levado a condenar a obra cantoriana.

qualquer documento clínico. Ao basearem-se em sua polêmica com Kronecker e em sua incapacidade para resolver o problema do contínuo, alguns biógrafos popularizaram a história "romântica" do gênio maldito atacado pela doença.[32] No entanto, a cronologia dos acontecimentos deixa em dúvida essa tese. Durante sua estada em Paris, na primavera de 1884, ele teve de dirigir-se a Frankfurt para resolver questões familiares, cujo teor é ignorado. A depressão aconteceu em maio e implicou uma hospitalização. Ora, a polêmica – de preferência, estimulante – com Kronecker já tinha ocorrido havia quase seis meses, enquanto a "crise do contínuo" só se desencadeou no final do ano. Portanto, é difícil transformar esses dois episódios na causa direta dessa primeira manifestação depressiva aguda.

O certo é que a crise foi repentina e a hospitalização breve, ou seja, cerca de um mês; ao deixar a clínica, Cantor afirmou não sentir suficiente "vigor" para prosseguir seus trabalhos. Tendo transtornado profundamente a família, a doença deixou vestígios, mesmo que tenha ocorrido uma estabilização de sua saúde mental; no início, ele permaneceu prostrado em casa, antes de recuperar suas forças e se orientar para múltiplas pesquisas e atividades, algumas das quais não se referiam, no sentido estrito, à matemática. Essa "estratégia" foi, em parte, bem-sucedida já que, antes de 1899, não haverá outra hospitalização. Para um diagnóstico sobre a doença de Cantor, remetemos para o final deste capítulo.

32. Na época, o próprio Cantor deixou entender que essa reconstituição "histórica" era exata.

3. *Aparente desinteresse pela matemática*

3.1. *Cantor "teólogo"*

Desiludido por esses infortúnios tanto científicos quanto profissionais, desanimado pela falta de interesse por sua teoria dos números transfinitos, tendo rompido com diversos jornais especializados em matemática, Cantor decidiu interromper a publicação de seus trabalhos, pelo menos, nesse tipo de revista. Desde 1884, ele falava em abandonar o ensino da matemática e dedicar-se ao da filosofia. Assim, no início de 1885, ele deu um curso sobre Leibniz, mas a experiência foi efêmera: em pouco tempo, na sala de aula, havia apenas um estudante. Cantor resolveu renunciar definitivamente a essa ideia.

Voltou-se, também, para a teologia. No início da década de 1880, o Vaticano prescreve a aproximação entre ciência e religião; essa foi a ocasião para que grandes teólogos alemães se debruçassem sobre as teorias cantorianas. Apesar de ser protestante, Cantor tirou partido dessas circunstâncias para manter correspondência com eles; nessa atividade, acabou encontrando um sólido reconforto, diante de seu isolamento na área da matemática – finalmente, o valor de seus trabalhos era reconhecido –, ao mesmo tempo que ele podia exprimir abertamente sua profunda crença em Deus. Ele mergulhou na leitura minuciosa dos grandes filósofos cristãos da Idade Média e, em uma revista filosófica, publicou o estudo *Sobre os diferentes pontos de vista relativos ao infinito atual* (1886), além de *Comunicações sobre a teoria do transfinito* (1887-1888). Ele reuniu esses escritos em um opúsculo intitulado *Obras completas sobre a teoria do transfinito*, publicado em 1890.

A matemática não estava totalmente ausente desses textos – Cantor aproveitou-se do ensejo, em particular, para desenvolver a teoria dos tipos de ordem que ele ainda não havia conseguido publicar; no entanto, o debate estava orientado, sobretudo, para as implicações filosóficas e teológicas da teoria do transfinito. Esse interesse pela teologia e pela religião irá perdurar por toda a vida de Cantor, até mesmo depois de ter retomado publicamente sua atividade como matemático: seu último escrito, publicado em 1905, foi dedicado ao cristianismo.

3.2. Cantor, Bacon, Shakespeare

Desde que deixou a clínica, Cantor mostrou interesse, igualmente, pelo rosacrucianismo, pela franco-maçonaria e, sobretudo, apaixonou-se pelo que ele mesmo designava como "a teoria Bacon-Shakespeare"[33]: por um lado, Francis Bacon (1561-1626), filósofo, político e cientista inglês, dotado de personalidade controversa, que tentou reformar a ciência de seu tempo; por outro, Shakespeare (1564-1616), imenso poeta e dramaturgo, cuja vida e obra permanecem, sob certos aspectos, enigmáticas. Cantor esperava provar que Bacon era o verdadeiro autor das peças de Shakespeare e nada menosprezou para fazer aceitar essa tese como digna de crédito.

Mesmo que, atualmente, seja reconhecido que se tratava de uma pura elucubração, nada havia, para a época, de extravagante, nem de original.[34] Mas por que Cantor teria mostrado interesse especial por esse tema? Talvez, por causa de seu estado de saúde: demasiado cansado para retomar seus trabalhos na área da matemática, ele teria comentado para si mesmo que uma pesquisa ativa em um domínio completamente diferente poderia evitar-lhe uma recaída.

---

33. Todos os textos de Cantor sobre o assunto foram traduzidos, recentemente, para o francês: Erik Porge (ed.), *La Théorie Bacon-Shakespeare. Le drame subjectif d'un savant*, Clichy, Grec, 1996.

34. A tese de Cantor tinha sido defendida sempre por diferentes personalidades ilustres (fala-se em Freud) ou anônimas.

Outro elemento de resposta tem a ver com a personalidade de Bacon: o aspecto que suscitava o interesse de Cantor não era tanto o cientista, mas o homem que dava um testemunho constante de sua fé religiosa; ele sentia admiração, também, pelo pensador dotado de "fé maravilhosa", "um poeta autenticamente cristão" e "um dos maiores gênios da cristandade".[35] Portanto, existia um vínculo entre os dois novos centros de interesse de Cantor que acabou mergulhando na literatura elisabetana com uma energia semelhante à que ele despendia em seus estudos relacionados com a matemática e a teologia.

Vamos deixar de lado a discussão tanto sobre a influência do inconsciente nesses trabalhos, quanto sobre os argumentos apresentados por Cantor para defender sua tese.[36] Eis simplesmente a lista dos três opúsculos publicados, por conta do autor, em 1896-1897:

1. Uma edição da *Profissão de fé de Francis Bacon*, precedida de um prefácio de Cantor.
2. O texto *Ressurreição do divino Francis Bacon* com uma breve introdução de Cantor.
3. *A coletânea das trinta e duas elegias sobre Francis Bacon* com um prefácio de Cantor, extremamente polêmico, em relação à Sociedade Shakespeare Alemã, da qual ele era membro desde 1889.[37]

---

35. Expressões utilizadas pelo próprio Cantor (carta enviada ao padre Jeiler em 1º de março de 1896, in *Meschkowski 1967*, p. 264; e Erik Porge, *op. cit.*, p. 77).

36. Sobre estes temas, cf. *Charraud 1994*, pp. 178-181, 208; e Erik Porge, *op. cit.*, prefácio.

37. A epígrafe deste último texto – "Qualquer cientista aparece, inevitavelmente, como louco diante dos contemporâneos" – é extraída de Tertuliano (séculos I-II), escritor cristão de língua latina, célebre por seu estilo ríspido e pelo rigor de seus preceitos.

3.3. Durante esse período, pesquisas na área da matemática

Essas pesquisas só serão interrompidas por uma nova crise depressiva, ocorrida em 1899. No entanto, durante o período em que elas foram empreendidas – e, ao mesmo tempo, tendo-se dedicado, de forma ativa, à teologia –, Cantor não perdeu de vista, em momento algum, a teoria dos conjuntos e dos números transfinitos: limitou-se a apresentar suas reflexões em algumas conferências e seminários, consignando-as em um diário e nas cartas enviadas para novos interlocutores. Portanto, sem ter publicado qualquer texto, continuou a trabalhar. Apesar de anedótico, um de seus estudos confirmou a necessidade de se afastar, pelo menos durante algum tempo, das dificuldades suscitadas pela teoria dos conjuntos: redigido durante o fatídico verão de 1884, esse texto consistiu em verificar "a conjetura de Goldbach" até 1.000.[38]

4. O "retorno" à matemática

4.1. Últimos trabalhos de Cantor na área da matemática

Pelo que se vê, Cantor nunca chegou realmente a abandonar a disciplina que, inicialmente, havia suscitado seu interesse; mas só voltou publicamente à matemática em 1889, com um breve artigo sobre a teoria dos reais. E seu grande "retorno" ocorreu em 1891, com o texto *Sobre uma questão elementar da teoria dos conjuntos*: nada se sabe a respeito da gênese deste estudo em que a prova da não enumerabilidade de **R** (não se pode associar cada

38. Essa conjetura afirma a veracidade da seguinte proposição: qualquer inteiro par é a soma de dois números primos. Enunciada em 1742, sem qualquer demonstração, pelo matemático alemão Christian Goldbach (1690-1764), ela não foi até hoje demonstrada nem rejeitada. O trabalho de Cantor será publicado apenas em 1895.

inteiro natural a um único número real, e reciprocamente) é mais sutil e elegante que a argumentação apresentada em 1874; Cantor pôde, então, empenhar-se na tarefa de elaborar a exposição final de sua teoria dos conjuntos.

Tal operação foi difícil – sobretudo do ponto de vista teórico e não tanto editorial – já que a primeira parte de *Contribuições para o fundamento da teoria dos conjuntos transfinitos* (as *Beiträge*) foi publicada apenas em 1895 e a segunda, em 1897. Nesse texto, Cantor excluiu qualquer consideração filosófica, limitando-se aos resultados que lhe pareciam ser exatos; entretanto, o estudo apresentava lacunas que, posteriormente, foram preenchidos por outros matemáticos. Deste modo, a incapacidade de Cantor para resolver o problema do contínuo explicava a diferença de dois anos entre a publicação dos dois artigos. O essencial da segunda parte das *Beiträge* estava pronta, efetivamente, para a impressão seis meses após a publicação da primeira, mas Cantor alimentava a expectativa de integrar nela a solução tão procurada; não tendo conseguido encontrá-la, ele desistiu de esperar e publicou a segunda parte, em 1897.

Todos os aprofundamentos de Cantor sobre a teoria dos conjuntos, incluindo os textos elaborados desde 1883, encontravam-se, finalmente, reunidos e organizados nas melhores condições. Cantor não se preocupou, de modo algum, com a reação de seus inimigos. Seu objetivo não é mais o de convencer os teólogos ou os matemáticos conservadores, mas o de suscitar o interesse de uma nova geração de pesquisadores ao apresentar-lhes o resultado de um esforço despendido durante mais de vinte anos. Ele não teve alunos ou discípulos, mas seu derradeiro *opus* foi bem recebido; além disso, um grande número de matemáticos de todas as correntes ficaram apaixonados pela teoria dos conjuntos. Desde o início do século XX, por toda parte, incluindo a Alemanha, numerosas publicações fizeram-lhe referência; Cantor adquiria, finalmente, o reconhecimento tão ambicionado, mesmo que ele continuasse a queixar-se dos colegas alemães. Em 1899, as *Beiträge* foram traduzidas para o francês; entretanto, a primeira parte já havia sido publicada em italiano, em 1895. Cantor recebeu, igualmente, múltiplas distinções de diversas universidades europeias.

A falta de solução para alguns problemas e o aparecimento de paradoxos, tanto na teoria cantoriana, quanto na nova lógica fundada por Frege, não chegaram a diminuir o interesse suscitado por sua obra; pelo contrário, os pesquisadores prosseguiram a busca de respostas para as questões deixadas sem resposta por Cantor, que, aliás, chegou a apresentar suas propostas, em algumas cartas enviadas para Dedekind, em 1899. Nesse momento, precisamente, é que ele reatou a correspondência com o amigo; trata-se de seu último escrito na área da matemática.[39] A promessa, feita em 1908, relativamente à publicação de um artigo sobre a teoria dos conjuntos, em uma revista inglesa, não foi cumprida; com efeito, além da gravidade de sua doença, ele estava preocupado com múltiplos problemas pessoais.

4.2. Criação da União dos Matemáticos Alemães

Mas, voltemos ao início da década de 1890. Tendo retomado publicamente sua atividade na área da matemática, Cantor empenhou-se, igualmente, em organizar a

39. Em 1905, ele contentou-se em publicar, sem comentários, uma carta recebida de Weierstrass, em 1891, relativa ao "problema dos três corpos", que consiste em procurar transcrever, sob forma de função analítica, o movimento de três pontos materiais em atração gravitacional mútua, segundo as leis de Newton. Esse tema já havia suscitado o interesse não só do enciclopedista Jean le Rond d'Alembert (1717-1783), mas também de um grande número de outros matemáticos, astrônomos e físicos [cf. Michel Paty, *D'Alembert*, São Paulo, Estação Liberdade, col. "Figuras do Saber", vol. 11, 2005, cap. VIII].

comunidade dos matemáticos alemães. Na época, existia apenas a Sociedade dos Especialistas de Ciências Naturais e dos Médicos Alemães (GDNA[40]); ao ser fundada, em 1822, ela não tinha diretor permanente, nem sede fixa. Em 1828, diversas seções especializadas foram criadas, mas nenhuma é prevista exclusivamente para a matemática, vinculada à seção – desorganizada – comum à astronomia e à geografia. Em 1893, a Sociedade decidiu, finalmente, dotar-se de uma sede e de uma forma de diretoria permanentes. Todos esses elementos – reflexos do caráter descentralizado da Alemanha da época – explicavam, em grande parte, o sucesso do projeto de Cantor: criar uma associação autônoma para matemáticos alemães.

A ideia não era original: desde 1867, Clebsch havia proposto que os matemáticos da GDNA formassem um grupo separado.[41] Após um ano de discussões informais, foi decidida apenas a criação de uma nova revista, *Mathematische Annalen*. Em 1872, com a ajuda de Klein, Clebsch empreendeu uma nova tentativa; a ideia foi bem recebida, estabeleceu-se um plano e foi previsto organizar um encontro para o ano seguinte, em Göttingen. Entretanto, a morte de Clebsch desmontou o projeto: o encontro ocorreu realmente, mas foi tumultuado por brigas e mal-entendidos de ordem pessoal, aos quais se acrescentou o estado precário de saúde de alguns membros. Em 1890, Cantor retomou o projeto: ele pretendia criar uma associação, totalmente separada da GDNA e reservada apenas aos matemáticos. Escreveu para um grande número de colegas a fim de incentivá-los a adotar sua proposta; assim, surgiu a Deutsch Mathematiker Vereinigung (DMV) União dos Matemáticos Alemães. A sessão de fundação realizou-se

40. Sigla de Gesellschaft Deutscher Naturforscher und Aerzte.

41. Matemático e físico alemão, Alfred Clebsch (1833-1872) elaborou trabalhos sobre a aplicação da teoria dos invariantes à geometria algébrica e projetiva.

em Halle, em setembro de 1891, durante a qual ficou decidida a criação de uma revista, cuja publicação incumbiria diretamente à nova associação, que, durante os três primeiros anos, foi presidida por Cantor.

Qual teria sido o motivo que o levou a despender tanta energia para o êxito desse projeto quando ele dava a impressão de estar desiludido, mantendo-se afastado da comunidade dos matemáticos e estando preocupado com outras questões? Além do papel desempenhado pelo contexto geral, Cantor encontrou aí um interesse pessoal: ele foi incentivado por sua própria experiência a levar a bom termo essa tarefa. O preço de sua liberdade foi o isolamento, a discriminação e a pobreza; ele pretendia evitar que os jovens colegas sofressem as mesmas provações e que uma geração inteira de matemáticos viesse a desinteressar-se pela teoria dos conjuntos. Daí, a necessidade de criar um fórum em que cada um pudesse apresentar livremente suas teorias sem correr o risco da censura dos matemáticos, nesse momento, em posição predominante.

Cantor visava, evidentemente, Kronecker, que continuava, dizia ele, a contestar seus trabalhos; neste caso, tentou "armar uma cilada" para o inimigo íntimo, propondo-lhe a presidência do primeiro encontro da associação. No entanto, suas verdadeiras intenções não eram realmente amistosas: ele projetava apresentar, nessa ocasião, sua nova prova da não enumerabilidade de **R**. Uma resposta pública do adversário deveria permitir, enfim, o desencadeamento de uma discussão de fundo. E chegou a vaticinar:

> Muitos – obcecados, até aí – terão a oportunidade de descobrir, pela primeira vez, o verdadeiro Kronecker.[42]

42. Carta enviada a Leo Königsberger (1837-1921), matemático e físico alemão, em 10 de junho de 1891 (citada em *Dauben 1979*, p. 162; e *Charraud 1994*, p. 166).

No entanto, o destino frustrou esse plano: a mulher de Kronecker morreu no final do verão de 1891. Sem ter a possibilidade de dirigir-se a Halle, ele enviou para Cantor uma carta de apoio aos objetivos da União; lida pelo destinatário, durante a sessão inaugural da DMV, foi publicada no primeiro número da revista da associação, ao lado do artigo de Cantor de 1891. Tendo sido eleito presidente, enquanto era dirigido convite a Kronecker para fazer parte do secretariado, Cantor acreditará, mais tarde, que a ausência do desafeto foi bem-vinda porque Kronecker teria aproveitado da ocasião para alimentar intrigas contra ele, em sua própria universidade...

No final do ano, ocorreu a morte de Kronecker, que, deste modo, não chegou a participar das atividades da DMV. A reunião foi um sucesso, em particular, graças a Cantor; a associação ganhou uma importância cada vez maior e passou a promover congressos de dois em dois anos. Cantor ainda organizou o de 1893, mas não esteve presente por motivo de doença.

4.3. Uma organização internacional

No entanto, o sucesso da DMV não foi suficiente para Cantor, que se queixava da impossibilidade de viajar por auferir um baixo salário. Cada vez mais germanófobo, nada perdeu de sua animosidade em relação aos colegas alemães, em particular, os de Berlim, cuja desonestidade foi denunciada por ele. Portanto, Cantor desejava manter contatos internacionais; daí a ideia – que teria germinado em sua mente antes mesmo da criação da DMV – de criar uma organização mundial de matemáticos ou, no mínimo, de facilitar a realização regular de um congresso internacional, que se tornara difícil em razão do nacionalismo da época. Apesar de ter manifestado sua simpatia por esse projeto, em 1895, a DMV se recusou a assumir sua organização. Cantor empenhou-se nessa tarefa de forma decisiva: persistiu em sua ideia, enviou cartas para os matemáticos franceses, apresentando detalhadamente seu projeto e dando conselhos para conseguir a adesão dos colegas indecisos. A Sociedade de Matemática da França deu, finalmente, seu aval e o I Congresso Internacional dos Matemáticos realizou-se em Zurique, em 1897.

Numerosas comunicações, feitas por matemáticos franceses e alemães, remetiam aos trabalhos de Cantor, que acabou reatando relações com Dedekind. Desde então, os congressos têm sido realizados com regularidade[43]: organizado em Paris, em 1900, o segundo foi particularmente importante porque mostrou que Cantor havia conseguido transformar as *Beiträge* em uma obra de referência para os colegas. Na lista dos principais problemas à espera de solução, no início do século XX, Hilbert colocou, em primeiro lugar, o do contínuo.[44] No entanto, esse reconhecimento público chegava demasiado tarde: nesse momento, Cantor era um homem cansado, incapaz de elaborar o mais simples estudo de matemática, além de ser obrigado a resistir a ataques depressivos cada vez mais violentos.

O III Congresso realizou-se em Heidelberg, em 1904, em uma atmosfera mais tensa: König apresentou uma

43. Desde 1900, de quatro em quatro anos, em uma cidade diferente.

44. David Hilbert, *Sur Les Problèmes futurs des mathématiques*, Paris, J. Gabay, 1990, pp. 13-14. O matemático alemão David Hilbert (1862-1943) é uma das maiores figuras da disciplina no século XX: além de seus trabalhos puramente técnicos, ele procedeu à axiomatização da geometria e fundou a escola formalista moderna. Essa lista de problemas orientou uma grande parte das pesquisas na área da matemática desse século. Ficaremos convencidos disso ao lermos, por exemplo Jean Lassègue, *Turing*, Paris, Les Belles Lettres, col. "Figures du Savoir", 1998; e Philippe Cassou-Noguès, *Hilbert*, Paris, Les Belles Lettres, col. "Figures du Savoir", 2001.

demonstração que contestava a hipótese do contínuo.[45] Tal postura constituiu para Cantor, participante do evento, uma humilhação pública insuportável; tendo superado o choque, ele permaneceu cético em relação à demonstração proposta, efetivamente falsa, como ficará comprovado imediatamente. Apesar disso, enquanto o problema do contínuo não fosse resolvido em seu favor, persistia sua inquietação. Ausente do Congresso de Roma, em 1908, ele contentou-se em responder indiretamente aos ataques de Poincaré contra suas concepções.[46]

5. Fim trágico

5.1. Primeiros sintomas da loucura

O final da década de 1890 ficou marcado pela morte de vários membros da família de Georg: o cunhado, em 1893; a mãe, em outubro de 1896; e o irmão caçula, Constantino, em janeiro de 1899. No entanto, o verdadeiro drama ocorreu por ocasião do falecimento, em 16 de dezembro de 1899, do filho caçula, Rudolf, com apenas treze anos: aquele que "se tornara o queridinho da família"[47], tinha sido sempre um menino frágil, mas sua energia estava sendo recuperada aos poucos; além disso,

45. O matemático húngaro Julius König (1843-1913) trabalhou, essencialmente, sobre a teoria dos conjuntos e sobre o problema do contínuo. Para resolvê-lo, Cantor havia proposto a "hipótese do contínuo", segundo a qual a potência do contínuo segue-se imediatamente à do enumerável (cf., *supra*, nota 20 e Glossário).

46. Em uma carta enviada à amiga inglesa, especialista em matemática, G. C. Young, em 20 de junho de 1908 (Herbert Meschkowski, "Zwei unveröffentliche Briefe Georg Cantors" [Duas cartas inéditas de Georg Cantor], in *Der Mathematikunterriccht* 4, 1971, pp. 30-34).

47. Carta enviada a Klein em 31 de dezembro de 1899 (*Grattan-Guinness 1971*, pp. 381-382), na qual Cantor relatava, de forma pungente, as circunstâncias da morte do filho.

ele possuía dons particulares para tocar violino. Cantor acalentava a expectativa de que ele viesse a consagrar-se inteiramente à música, prosseguindo assim uma tradição familiar, herdada da avó paterna. O episódio foi, particularmente, trágico. No dia da morte, Cantor encontrava-se em Leipzig para proferir uma conferência sobre a "teoria Bacon-Shakespeare". Ao voltar para casa, ficou sabendo que o filho havia falecido, na parte da tarde, em consequência de uma crise cardíaca. Submerso em profundo desespero, Cantor chegou mesmo a afirmar seu arrependimento por ter abandonado a música pela matemática, "ideia estranha" que o levou a fracassar sua verdadeira vocação de violinista.

Ainda surgiram outros sintomas inquietantes: em outubro de 1899, foi dispensado de dar cursos no semestre de inverno; ao mesmo tempo, participou da redação de circulares que denunciavam determinados procedimentos em vigor na universidade. Nesses textos, Cantor exprime um grande sentimento de perseguição. Do mesmo modo que ele havia tentado, em 1884, abandonar o ensino da matemática, assim também desejou agora deixar a universidade; em uma carta escrita no final do ano, cujo conteúdo é verdadeiramente delirante, ele solicitava ao Ministério do Interior trocar de profissão[48], apresentando sua "candidatura para um posto diplomático na corte do rei da Prússia". Para apoiar essa curiosa demanda, citou seus trabalhos sobre a "teoria Bacon-Shakespeare" que lhe teriam fornecido "conhecimentos históricos relativamente aos primeiros reis de Inglaterra", suscetíveis de "provocar um pavor salutar no governo inglês". No longo *curriculum vitae* adjacente, ele voltava a queixar-se dos colegas, apresentando-se, ao mesmo tempo, como russo de nascimento e historiador;

48. Carta enviada em 10 de novembro de 1899 (*Grattan-Guinness 1971*, pp. 378-379).

em sua conclusão, manifestava a expectativa de receber uma resposta rápida, a fim de "oferecer [seus] serviços diplomáticos ao czar Nicolau II".[49]

Segundo parece, o Ministério abordou a demanda de Cantor com tato; seu diretor da educação estava consciente de que Cantor reclamava de seu baixo salário, de sua dificuldade para viajar e cumprir corretamente suas tarefas de professor. As numerosas cartas de Cantor enviadas para o Ministério revelavam não tanto sua verdadeira situação profissional, mas seu estado de saúde, de modo que voltou a ser hospitalizado em 1899; no entanto, ignora-se a data, a duração, o lugar ou as razões exatas de tal internação.

A partir daí, as hospitalizações sucederam-se a um ritmo regular; ora, desde 1884, Cantor havia conseguido estabilizar, de algum modo, seu estado de saúde. A falta de arquivos e o caráter rudimentar dos conhecimentos em psiquiatria na época dificultam a elaboração de uma verdadeira avaliação da natureza da doença e, em particular, a explicação do desencadeamento das diferentes crises. A tentativa de propor um diagnóstico prudente só é possível mediante a cronologia dos acontecimentos e alguns manuscritos de Cantor.[50]

5.2. A doença mental de Cantor

Conforme vimos, nada permitia designar, na crise de 1884, um "fator" desencadeador[51]; o mesmo ocorreu com a crise de 1899. É impossível afirmar que ela tenha sido a consequência direta da morte de Rudolf: a carta mencionada mais acima havia sido enviada anteriormente.

49. Cartão de visita enviado para o ministro do Interior (*ibid.*, p. 380).

50. A esse respeito, cf. *Grattan-Guinness 1971*, pp. 368-369; e *Charraud 1994*, pp. 204-206.

51. Sobre essa primeira crise, cf. *Grattan-Guinness 1971*, p. 356; *Dauben 1797*, pp. 280-282; e *Charraud 1994*, pp. 196-199.

No entanto, essa segunda crise foi diferente da primeira; mais do que um breve episódio depressivo, trata-se de verdadeiros momentos de delírio, tendo implicado hospitalizações sucessivas.

Cantor conseguiu trabalhar durante os períodos de estabilização, mas deixou suas funções de professor em várias ocasiões: no semestre de verão de 1900; semestres de inverno de 1902-1903, 1904-1905 e 1907-1908; ainda durante um período mais prolongado, em 1909 e 1911, antes que tivesse sido aprovada sua demanda de aposentadoria, em abril de 1913. Ele passou por várias hospitalizações, em particular na clínica psiquiátrica de Halle, e durante períodos cada vez mais prolongados: de início, em outro estabelecimento, em 1899, em 1902 e de setembro de 1904 a março de 1905; depois, em Halle, de outubro de 1907 a junho de 1908 e de setembro de 1911 a junho de 1912; em seguida, em outra casa de saúde, em 1913; e, finalmente, de novo em Halle, de 11 de maio de 1917 até sua morte, em 6 de janeiro de 1918.

Sem indicar as fontes, Nathalie Charraud afirma que os psiquiatras diagnosticaram, no paciente Cantor, uma "loucura ciclotímica"[52], ou seja, na nomenclatura atual, uma "psicose maníaco-depressiva", doença mental que se traduz pela alternância, sem razões aparentes, de períodos de sobreexcitação e de melancolia. A regularidade, a subitaneidade e a amplitude das crises, assim como a ausência de elemento desencadeador, confirmam esse diagnóstico: Cantor era hospitalizado sempre que se tornava demasiado impulsivo, em geral no outono, e voltava para casa na primavera ou no verão seguinte; ao superar a depressão, ele podia retomar as atividades.

A doença de Cantor era, portanto, endógena; os fatores exógenos – a saber, as dificuldades em relação aos problemas no domínio da matemática, independentemente de

52. *Charraud 1994*, p. 209.

serem profissionais ou pessoais – desempenham apenas um papel relativo no desencadeamento das crises. O fato de ter sido um gênio da matemática não levou, certamente, Cantor a soçobrar na loucura. Ainda jovem, ele não escondia sua exaltação nem sua propensão para ser afetado "pelo aspecto sério da vida". Atualmente, seria possível estabilizar tal estado graças a "reguladores do humor"; no entanto, os médicos contemporâneos não conheciam esse gênero de tratamento. Convém reconhecer que, sem ter sido possível a cura de Cantor, no mínimo ele foi tratado de forma inteligente: sua internação só ocorreu em caso de necessidade, o que era inabitual para a época.

Entretanto, Cantor não foi apenas maníaco-depressivo. Bem cedo, manifestou um forte sentimento de perseguição com reações desproporcionais em relação às críticas que recebeu, ou acredita ter recebido, – nem sempre é fácil desvencilhar o que é pura invenção do que teria realmente ocorrido. Ao enfrentar um obstáculo, ele reagia de forma violenta, rompendo com os amigos quando se sentia traído; e atacou Kronecker com virulência por suspeitar que o ex-professor estava armando um complô contra ele. Cantor sofria, com ou sem razão, por não se sentir compreendido, nem suficientemente reconhecido.

Tal sentimento de perseguição acabou por levá-lo a manifestar famosas crises de cólera[53] tendo se transformado progressivamente em um verdadeiro delírio paranoico. Na década de 1900, além dos colegas alemães, vai fazer dos ingleses alvo de seus ataques. Sua relação

53. Uma delas é relatada por Schwarz na carta enviada, em 13 de outubro de 1888, para o colega E. R. Noevius (*Grattan-Guinness 1971*, pp. 377-378). Durante o verão, Cantor foi convidado – com outros matemáticos, tais como Mittag-Leffler e Schwarz – por Weierstrass a visitá-lo em sua casa de férias. De repente, ele perdeu o controle ao comentar um fato ocorrido havia três anos: a nomeação de Klein para Göttingen. De forma violenta, acusou Schwarz de ter participado da conspiração destinada a impedi-lo de obter um posto a que, em seu entender, ele tinha direito.

com os britânicos era ambígua: por um lado, ele mantinha correspondência com os colegas e amigos ingleses, a quem exprimia toda a simpatia que experimentava pela Inglaterra. Por outro, durante sua hospitalização, ele inventou para si mesmo uma ascendência inglesa, sem deixar de queixar-se dos complôs que haviam sido preparados contra ele: suspeitava que um casal inglês tivesse sido responsável pela morte do filho e acreditava estar internado por ordem do governo britânico.

5.3. Últimos anos

Os últimos vinte anos da vida de Cantor foram pontuados, portanto, por internações em clínicas psiquiátricas, mas nem por isso, abandonou suas diversas atividades. Em 1899, Hilbert solicitou sua ajuda para estabelecer um novo fundamento para a matemática, mas Cantor manifestou-lhe sua indecisão a respeito desse assunto. Em janeiro de 1900, no momento em que pretendia ter abandonado a "teoria Bacon-Shakespeare", ele passou algum tempo em Berlim, cidade em que trabalhou, ao mesmo tempo, com a matemática e com essa questão; em 1902, ele preparou uma nova edição de um dos opúsculos já publicados a esse respeito, projeto que não chegou a efetivar-se. No mesmo ano, redigiu novas cartas de protesto contra os procedimentos administrativos da faculdade; em setembro de 1903, sentiu-se suficientemente bem para enviar, ao Congresso da DMV, um trabalho sobre os paradoxos da teoria dos conjuntos.[54] Participou, igualmente, do Congresso Internacional de 1904.

54. Esse estudo, em que ele atacava os métodos propostos pelos "filósofos franceses" (provavelmente Poincaré), nunca foi publicado (cf. *Grattan-Guinness 1971*, p. 370, nota 86).

Em 1905, por sua conta, publicou um pequeno opúsculo intitulado *Ex Oriente Lux*[55], cujo conteúdo, de acordo com sua afirmação, lhe havia sido revelado no decorrer de sua precedente hospitalização. Nesse texto, afirma que o Cristo é o filho natural de José de Arimateia, discípulo secreto de Jesus...

Ele desejava, também, conhecer a Inglaterra, mas não estava em condições de viajar; a mesma impossibilidade verificou-se em 1908, impedindo-o de participar do IV Congresso Internacional dos Matemáticos. Em 1911, finalmente, Cantor esteve na Inglaterra, a convite da universidade de St-Andrews, na Escócia; durante sua estada, teve um comportamento excêntrico e falou, sem controle algum, de suas ideias sobre Shakespeare. Ele gostaria de encontrar o grande lógico, Bertrand Russell, a quem escreveu várias cartas que testemunhavam sua confusão mental; de acordo com o pensador britânico, o encontro não ocorreu, mas Cantor enviou-lhe "um livro sobre a questão Bacon-Shakespeare com uma dedicatória manuscrita que faz alusão à minha divisa [*sic*] 'Kant ou Cantor'"[56].

Depois de ter obtido a aposentadoria, Cantor viveu tranquilamente em seu domicílio de Halle, não deixando de frequentar alguns seminários de matemática organizados na cidade. Em razão da guerra, a celebração de seu 70º aniversário, em 3 de março de 1915, não teve o

55. Traduzido in Erik Porge, *op. cit.*, pp. 153-160.

56. Bertrand Russell, *Autobiographie*, trad. de M. Berveiller, Stock, t. I, 1968, p. 287. Bertrand Russell (1872-1970), matemático, lógico e filósofo britânico, estava em via de redigir a obra *Principia Mathematica*, em colaboração com A. N. Whitehead; desde 1903, no livro *Principles of Mathematics*, em que defende a tese logicista, ele fala profusamente de Cantor. Por sua vez, o filósofo alemão Emmanuel Kant (1702-1804) enfatiza, na *Crítica da razão pura*, os limites da razão e pretende mostrar – diferentemente da perspectiva de Cantor – que as antinomias associadas ao conceito de infinito impedem a aceitação de um número realmente infinito.

fausto nem a dimensão internacional previstos: além da festa em sua casa, foi organizada uma cerimônia na universidade. Em dezembro de 1917, numerosas personalidades manifestaram-se por ocasião do 50º aniversário de seu doutorado, mas Cantor não pôde responder a todas.

De fato, ele estava internado desde maio de 1917 e seu estado de saúde degradava-se cada vez mais. A Alemanha estava em via de perder a guerra e as condições de vida em uma clínica psiquiátrica não constituíam uma prioridade. Esta última internação, que se prolongou contra a vontade de Cantor, assumiu um caráter realmente patético: as cartas enviadas para a família eram repletas de cumprimentos ou, então, desagradáveis. Ele queixava-se do frio, da falta de comida e da solidão; pedia para voltar para casa, mas, em razão de seu comportamento, era impossível satisfazer seu desejo. No dia 6 de janeiro de 1918, ele morreu repentinamente de uma crise cardíaca, sem sofrimento; foi sepultado em Halle, ao lado do filho Rudolf.

II
Limite e irracional

Cantor inscreve-se na história do cálculo infinitesimal – e, de forma mais ampla, na história do fundamento da análise – pela sua teoria dos irracionais. Na sua época, já se sabe, desde muito tempo, definir os números racionais; em compensação, na década de 1870, nenhuma definição rigorosa dos números irracionais – ou seja, não intuitiva ou não geométrica – havia sido publicada. Quase simultaneamente, verificou-se o surgimento de várias teorias: Cantor decidiu definir os irracionais como limites de determinadas sequências de racionais. Essa é a teoria exposta aqui, com a indicação de sua gênese e, ao mesmo tempo, de suas lacunas.

1. Breve história da análise

1.1. Os irracionais

Não é possível relatar aqui a longa história da noção de número irracional, ou seja, de número que não pode ser escrito sob a forma de fração (ou quociente de inteiros). Tudo começou há 2.500 anos quando os pitagóricos descobriram a incomensurabilidade da diagonal e do lado do quadrado, ou dito por outras palavras:

a irracionalidade de $\sqrt{2}$.[1] Esse "escândalo" – os únicos números reconhecidos pelos pitagóricos eram os inteiros ou suas relações – é ainda um motivo de preocupação para Platão[2]. Euclides vai defini-los como relações de grandezas.[3] Durante muito tempo, eles conservaram esse caráter, a um só tempo, *geométrico* e *intuitivo*: são representados como pontos sobre uma reta (daí, a expressão "reta real"); além disso, durante muito tempo, os conceitos da análise – parte da matemática que aborda todas as noções vinculadas à noção de número real – não haviam recebido definições rigorosas.

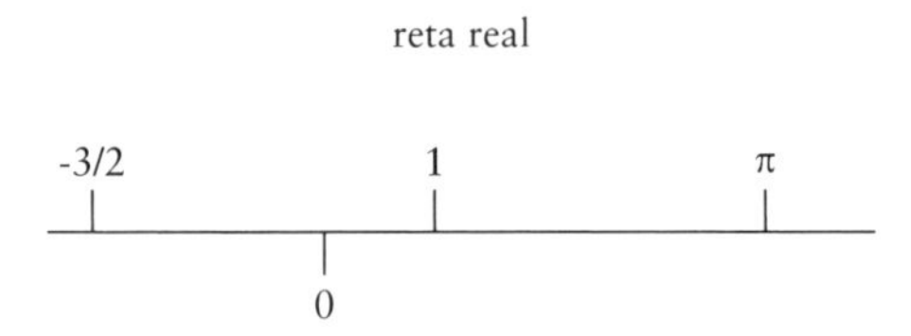

1.2. Continuidade de uma função

No século XVIII, os matemáticos ainda se contentavam em afirmar que uma função é *contínua* se sua representação

1. Ignora-se quase tudo a respeito de Pitágoras (século VI a.C.) e de seus colegas matemáticos. Se o comprimento dos lados de um quadrado é 1, o teorema de Pitágoras dá $\sqrt{2}$ como comprimento de sua diagonal. Demonstra-se pelo absurdo que esse número não pode ser escrito como quociente de inteiros.

2. Platão (428-348 a.C.) empreendeu uma profunda reflexão filosófica sobre a matemática.

3. Na Grécia, os matemáticos recusavam, em geral, o estatuto de número aos irracionais. Até mesmo a teoria das proporções de Eudóxio de Cnido (século IV a.C.), apesar de ser muito elaborada, não passa de uma abordagem da noção moderna do número real. Ela está exposta no Livro V dos *Elementos* de Euclides (séculos IV-III a.C.): seus treze livros agrupam todos os conhecimentos matemáticos da época. Durante mais de 2 mil anos, esse verdadeiro compêndio será a bíblia dos matemáticos.

gráfica não sofre qualquer interrupção. Por exemplo, a função definida por f(x) = x^2 é contínua, enquanto essa denominação não se aplica à função definida por f(x) = 0 para *x* negativo e f(x) = 1 para *x* positivo ou zero[4]:

Função contínua

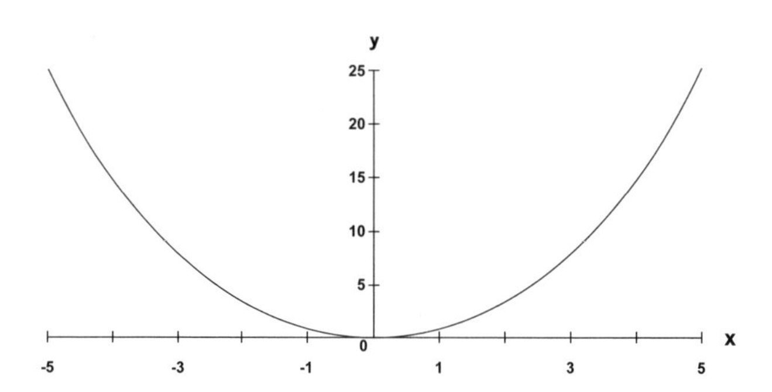

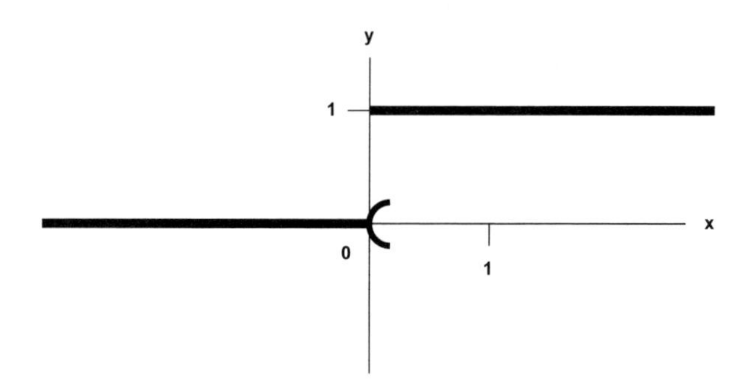

Função descontínua

4. Uma função *f* estabelece a correspondência entre os elementos de dois conjuntos; nos dois casos, pode ser **R**. Ela é contínua em determinado intervalo de **R** se, para qualquer *a* desse intervalo, f(x) aproxima-se infinitamente perto de f(a) quando *x* se aproxima infinitamente perto de *a*. Cf. Glossário.

1.3. Limite de uma função

Do mesmo modo, dir-se-á que uma função *f* "tende em direção ao infinito" para um valor x_0 de **R**, se f(x) *cresce indefinidamente* quando *x* se aproxima *infinitamente* perto de x_0 (por exemplo, a função definida por f (x) = 1/x "tende em direção ao infinito" em 0); ou que uma sequência (u_n) é *convergente* quando ela tem um limite no momento em que *n* cresce.[5] Além de que o estatuto dos infinitamente pequenos (o que se aproxima "infinitamente perto" de 0) não está bem determinado, numerosos teoremas, cuja demonstração depende exclusivamente da evidência geométrica, são utilizados. Por exemplo, uma função contínua em um intervalo [a,b], negativa em *a* e positiva em *b*, anula-se necessariamente:

Hipérbole equilátera y = f(x) = 1/x

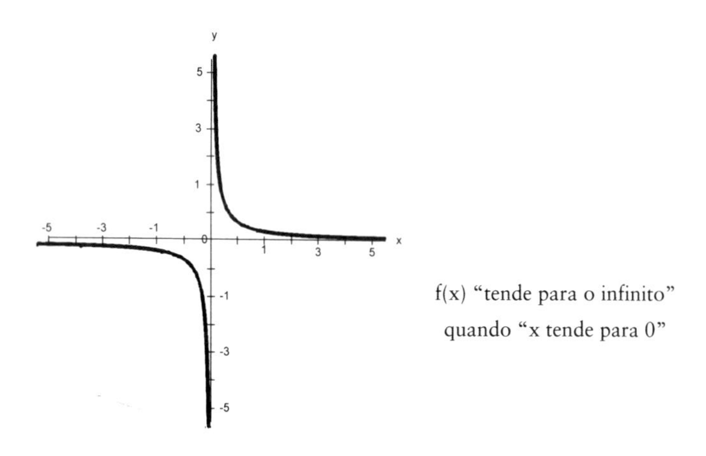

5. Uma sequência é uma aplicação de **N** em **R**: por exemplo, os números ímpares formam uma sequência (u_n) definida por $u_n = 2n + 1$ ($u_0 = 1$, $u_1 = 3$, $u_2 = 5$,...). Essa sequência não é convergente. Em compensação, a sequência definida por $u_n = 1 - 1/n$ (0, 1/2, 2/3, 3/4,...) é convergente (seu limite é 1). Cf. Glossário.

Curva $y = f(x)$

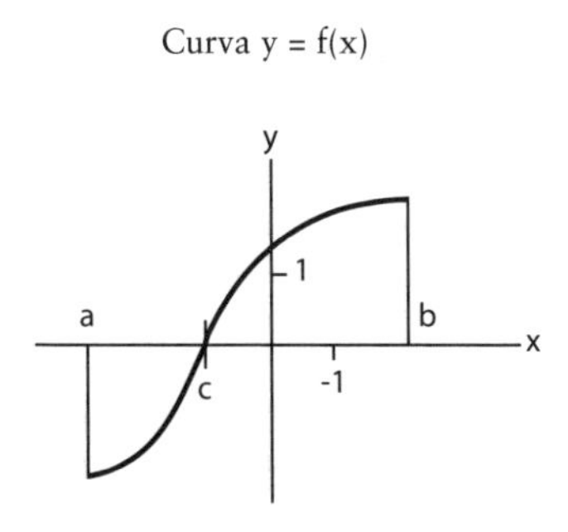

$f(x) = 0$ para $x = c$

1.4. Em busca do rigor na análise

O primeiro esforço de rigor produziu-se no século XIX: sob o impulso de Gauss, na Alemanha, e de Cauchy, na França.[6] Entretanto, no momento em que Cantor entrava em cena, ainda faltava uma definição rigorosa do que serve de fundamento à análise, a saber: a noção de número irracional. Já não era possível contentar-se em fazer cálculos utilizando um valor aproximado, nem utilizar outras disciplinas, seja a álgebra – considerando os irracionais como raízes de uma equação ($\sqrt{2}$ é, por exemplo, raiz da equação $x^2 - 2 = 0$) – ou a geometria; ainda menos, depositar sua confiança unicamente na intuição.

Por mais original que seja, a teoria cantoriana dos reais não é uma criação *ex nihilo*; na matemática, não há invenção sem ter sido preparada por outras que, às vezes, nem eram conhecidas do autor. Ela inscreve-se, por um lado, no âmbito da *aritmetização da análise* e, por outro, é oriunda do estudo do desenvolvimento das funções em *séries trigonométricas*.

6. Augustin-Louis Cauchy (1789-1857) fornece as primeiras definições aceitáveis relativamente às noções de continuidade e de integral.

2. *Aritmetização da análise*

Essa é a corrente predominante em meados do século XIX; na sequência do esforço de renovação da disciplina, empreendido no início do século, visa-se quebrar o vínculo que, até então, unia a análise à *intuição* e à *geometria* ao exigir que qualquer demonstração seja exclusivamente *aritmética*.[7] Com efeito, a intuição é fonte de equívocos[8], como veremos em alguns resultados de Cantor sobre o infinito. Além disso, já não é possível contentar-se em considerar a representação gráfica de uma função e afirmar que esta ou aquela propriedade "é evidente" ou "vê-se". Tanto mais que, ao generalizar-se a noção de função, algumas delas não podem ser representadas graficamente: por exemplo, a função de **R** em {0,1} que estabelece a correspondência de qualquer racional com 1, e a de qualquer irracional com 0. Exige-se, agora, uma verdadeira demonstração, baseada no "cálculo" e não na evidência geométrica.

Outro aspecto: a análise é fundada sobre a noção de *número* real e não sobre a de *grandeza* (geométrica); portanto, é natural excluir qualquer consideração geométrica de seus conceitos. Neste âmbito, deve-se definir os números reais com a ajuda exclusiva dos inteiros naturais. Três grandes nomes compartilham o papel de desbravadores no momento de iniciar a corrente de aritmetização da análise: Bolzano, Weierstrass e Kronecker.

---

7. O debate é de origem filosófica e matemática. Kant pretendia fundar a matemática unicamente na intuição. Por sua vez, Gauss opôs-se a essa pretensão ao afirmar que, se as verdades geométricas são realmente de origem empírica e intuitiva, as verdades da aritmética são puramente conceituais.

8. É difícil dar exemplos simples de proposições de análise de que é possível se aperceber quando, afinal, elas contradizem a intuição: alguns resultados sobre a efetuação da soma de séries infinitas ou o teorema que afirma a existência de funções contínuas não deriváveis por toda parte.

2.1. Bolzano

Neste domínio, Bolzano é um precursor: foi o primeiro a se questionar, de forma aprofundada, sobre os fundamentos da análise. Ao rejeitar a intuição geométrica, ele visava ao rigor da demonstração, ao fundar a matemática sobre a lógica e a análise.[9] Assim, em 1817, ele definiu a continuidade de uma função[10], tendo enunciado a condição necessária do critério de convergência de Cauchy para as sequências.[11] A demonstração da recíproca (para que uma sequência seja convergente, basta que ela satisfaça o critério de Cauchy) era insuficiente porque Bolzano ainda não dispunha, justamente, da definição dos números reais, aliás, condição prévia para qualquer definição rigorosa da noção de limite.[12] Foi ele, igualmente, quem elaborou numerosos teoremas de análise; além disso, sua teoria dos reais, desenvolvida por volta de 1835, mas inédita na época, constituiu a primeira tentativa, apesar de inacabada, de definição aritmética dos números reais.

2.2. Weierstrass

No entanto, o verdadeiro pai da aritmetização da análise foi Weierstrass: além de numerosos teoremas e conceitos rigorosamente demonstrados e definidos, foi

9. Os trabalhos de Bernard Bolzano (1781-1848), matemático e filósofo, nascido em Praga, de língua alemã e cultura austríaca, permaneceram ignorados durante muito tempo.

10. Cf., *supra*, nota 4.

11. A expressão "critério de Cauchy" deve-se ao fato de ter sido enunciado por esse matemático, em 1821: uma sequência (u_n) é convergente se, e somente se, a diferença $(u_{n+m}-u_n)$ torna-se infinitamente pequena quando n cresce, qualquer que seja o inteiro m. Cf. Glossário.

12. Para simplificar, uma função f de **R** em **R** tem como limite l em x_0 se $f(x)$ aproxima-se de l quando x se aproxima de x_0.

ele quem introduziu "a notação em ε".[13] Mesmo que seus trabalhos tenham sido raramente publicados, eles eram conhecidos por seus contemporâneos graças aos cursos que, a partir de 1856, ele dava na universidade de Berlim; em particular, sua teoria dos reais, publicada em 1872, era conhecida dos alunos desde 1863. Foi deste modo que ela chegou ao conhecimento de Cantor. Por sua vez, as relações profissionais e pessoais do professor com o aluno vão passar, como vimos, do incentivo e da amizade até a desconfiança, sem que o conflito tenha alcançado o aspecto paroxístico da disputa de Cantor com Kronecker.

2.3. *Kronecker*

O essencial de seus trabalhos tem como objeto de estudo a álgebra. Em relação a Weierstrass, o papel de Kronecker na corrente da aritmetização da análise foi diferente: ele pretendia fundar a análise unicamente sobre a aritmética, excluindo qualquer consideração intuitiva; entretanto, rejeitava a lógica e a teoria dos conjuntos, julgando que era desnecessário introduzir conjuntos infinitos. Portanto, é também por razões de ordem matemática que, na nossa história, ele desempenha o papel do "grande bicho-papão". Mesmo que, apenas tardiamente, tenha fornecido resumos de sua concepção dos irracionais, suas ideias eram conhecidas por todos os matemáticos, entre os quais Cantor, que haviam estudado em Berlim – universidade em que foi professor desde 1861 – na década de 1860. Não

13. Para definir o limite l de uma função *f* em x_0, Weierstrass afirmava que é possível tornar a diferença $|f(x_0) - 1|$ "menor que uma quantidade ε positiva tão pequena quanto se queira" quando a diferença $|x - x_0|$ é sempre menor que um marco α. Esta é a definição atual: $\forall \varepsilon > 0, \exists \alpha > 0$ t. q. $|x - x_0| < \alpha \rightarrow |f(x_0) - 1| < \varepsilon$. O que se lê: para qualquer ε estritamente positivo, existe α estritamente positivo tal que, se o valor absoluto de $(x - x_0)$ é inferior a α, então, o valor absoluto de $(f(x) - 1)$ é inferior a ε. Cf. Glossário.

levantou qualquer objeção à definição de $\sqrt{2}$ como raiz da equação $x^2 - 2 = 0$, nem à definição tradicional de π por uma aproximação arbitrariamente sutil de racionais; em compensação, ele não aceitava que um real fosse definido por uma sequência ou por um conjunto infinito de racionais. Com efeito, ele se recusa a considerá-los como totalidades acabadas.

Portanto, ele era conservador em análise, e critica em termos pouco afáveis os trabalhos de Weierstrass, que, por sua vez, condenava com tristeza e amargura o conservadorismo, o dogmatismo e as afirmações ofensivas de um matemático tão talentoso. Nessa querela entre os dois homens, havia, portanto, uma oposição teórica e metodológica: Weierstrass encarnava uma corrente moderna na análise, enquanto Kronecker era um "especialista nato de álgebra", cujo ponto de vista algorítmico estava, na época, ultrapassado. No entanto, talvez haveria outras interferências: disputas pelo poder, ciúmes e ofensas pessoais. Enquanto a modernidade de Weierstrass acabou atraindo numerosos estudantes, o ensino de Kronecker era menos apreciado, mas sua opinião tinha um peso considerável relativamente aos textos a serem publicados no *Journal de Crelle*. Tais fatos, combinados a querelas de precedência e a manobras desleais sub-reptícias, não eram inéditos, nem isolados; o mundo dos matemáticos podia ser cruel e Cantor vivia nesse mundo com os sofrimentos já evocados.

3. *As séries trigonométricas*

3.1. *Primórdios da teoria*

O verdadeiro impulso relativamente às pesquisas, nesse domínio da análise, foi dado pelo matemático e físico francês Joseph Fourier (1768-1830), ao basear-se na matemática para resolver um problema de propagação do calor. Todos os fenômenos de propagação – som, luz, campo eletromagnético, etc. – podem ser tratados dessa maneira. Historicamente, a questão surge com o estudo das cordas vibrantes.[14] Imaginemos uma corda percutida pelo martelo de um piano: a propagação da pancada e as reflexões sobre as extremidades engendram uma *senoide*:

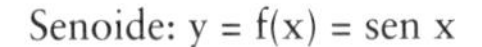

Senoide: y = f(x) = sen x

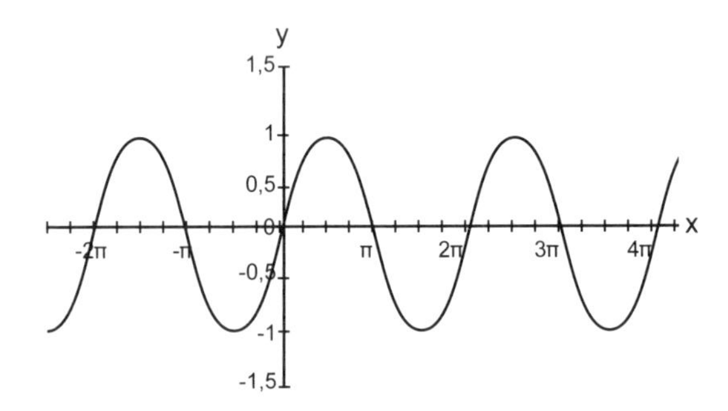

Se deixarmos a corda vibrar indefinidamente, obteremos uma curva cada vez mais complicada. Eis o que será constatado facilmente ao dar um impulso a uma das extremidades de uma corda de pular, ou deixando cair uma pedra em um espelho de água. No caso da propagação do som, a ressonância do piano (e de tudo o que se encontra à sua volta) dá origem a uma deformação da senoide: o estudo dessa deformação põe em evidência a presença de harmônicas. Para estudar funções tão complexas, deve-se desenvolvê-las em *séries trigonométricas*.

14. D'Alembert foi o primeiro a fazer a teoria matemática das cordas vibrantes, baseando-se na análise (cf. Michel Paty, *op. cit.*).

Infelizmente, é impossível apresentar uma ilustração mais visual do que é uma série trigonométrica. Matematicamente, trata-se de uma sequência de funções da forma:[15]

- $u_n(x) = a_n \cos nx + b_n \operatorname{sen} x$.

Uma função será suscetível de ser desenvolvida em série trigonométrica se for possível escrevê-la sob a forma:

- $f(x) = a_o + a_1 \cos x + b_1 \operatorname{sen} x + a_2 \cos 2x + b_2 \operatorname{sen} 2x + a_3 \cos 3x + b_3 \operatorname{sen} 3x + \ldots$

Seja:

- $f(x) = a_0 + \sum_1^{\infty} (a_n \cos nx + b_n \operatorname{sen} nx)$

Por exemplo, a função *f* de período 2π[16], definida por $f(x) = x$ se $x \in]0,2\pi[$ e $f(0) = \pi$, cuja representação gráfica (p. 70) tem como desenvolvimento:

15. As funções trigonométricas seno e cosseno são designadas, respectivamente, por "sen" e "cos": *n* é um inteiro com os valores 0, 1, 2,..., enquanto a_n e b_n são números reais. O símbolo "$\sum_1^{\infty}$" permite evitar as "...", conferindo a *n* os valores sucessivos 1, 2, 3, etc. Deste modo, realiza-se uma economia de escrita e lê-se: "soma de 1 até o infinito de".

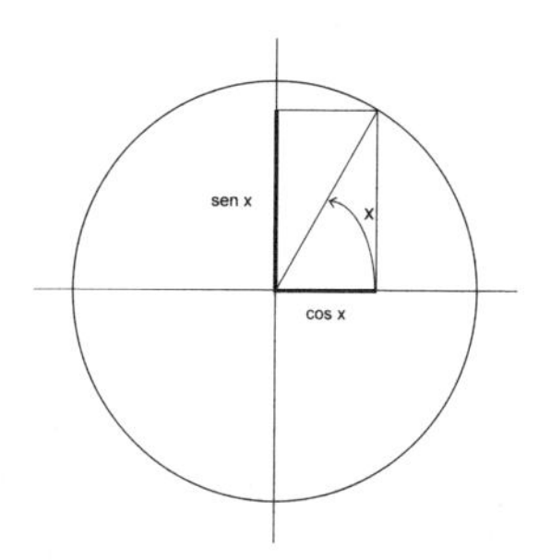

círculo trigonométrico de raio 1

16. Enunciar que uma função é de período 2π significa que, para qualquer x, $f(x+2\pi) = f(x)$. Assim, um ponto situado em uma roda que gira sobre seu próprio eixo encontra a mesma posição após um giro completo, ou seja, depois de ter descrito um arco igual a 2π.

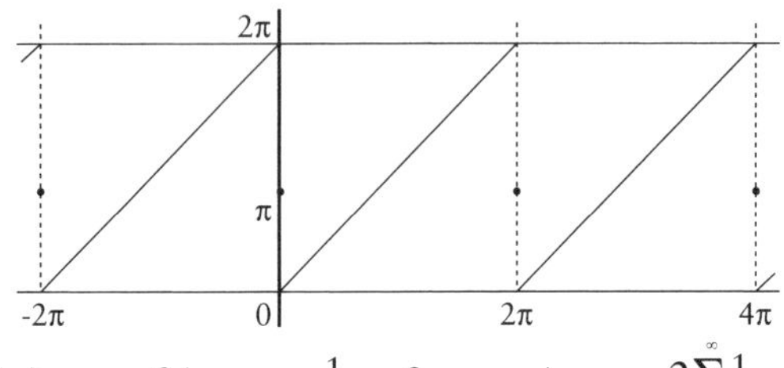

- $f(x) = \pi - 2(\text{sen}x + \frac{1}{2}\text{sen}2x + \ldots) = \pi - 2\sum_{1}^{\infty}\frac{1}{n}\,\text{sen}nx.$

O vínculo com o infinito, mesmo que isso seja a título de limite, e com os números reais – mesmo que isso se trate apenas de um cálculo aproximativo – já existe. Entretanto, várias questões são formuladas pelo fato de que não se pode operar sobre séries divergentes e de que o matemático busca sempre o máximo de generalidade e quer saber o que se passa no infinito, lá onde, em princípio, não se pode ir:

1. Em que condições uma série trigonométrica é *convergente* ou, em outras palavras, se aproxima de determinada função quando *n* tende para o infinito?
2. Sendo dada uma função, ela será suscetível de ser *sempre* desenvolvida em série trigonométrica e, no caso negativo, em que condições?
3. E, no caso afirmativo, como calcular seus coeficientes e tal desenvolvimento será *único*?

3.2. Primeiros trabalhos de Cantor

Neste domínio, Fourier e seus sucessores apenas puderam dar respostas parciais. Nessa época, Heine incentivou Cantor a encontrar a solução para o problema essencial: sendo dada uma função qualquer, seu desenvolvimento em série trigonométrica será único? Em 1870, Cantor enunciou um primeiro teorema (com uma demonstração simplificada em abril de 1871) que fornecia um critério de convergência de uma série trigonométrica e, depois, um segundo teorema relativo à unicidade do desenvolvimento de uma função em série trigonométrica.

Em janeiro de 1871, ele propôs uma extensão para esse teorema. Assim, pela primeira vez, ele vislumbra a existência de conjuntos contendo um número infinito de pontos chamados "excepcionais"[17], distribuídos de forma *descontínua* entre os números reais: primeira abordagem importante acerca do infinito e da relação entre o *discreto*, ou seja, o descontínuo, e o *contínuo*.[18] Com a promessa de prosseguir suas pesquisas nesse sentido, ele tirava a seguinte conclusão:

> Esta extensão do teorema não é, de modo algum, a última. Consegui encontrar uma outra, fundada igualmente sobre um método rigoroso e que vai muito mais além; no momento oportuno, irei publicá-la.[19]

No entanto, para que tal extensão fosse bem-sucedida, era preciso resolver algumas dificuldades técnicas e expor uma teoria aritmética rigorosa dos números reais que, em compensação, colocava o problema de associar o contínuo *aritmético* (o conjunto dos reais) ao contínuo *geométrico* (a reta)[20].

4. *Teoria cantoriana dos reais*

4.1. *Exposição da teoria*

Ela foi desenvolvida em dois momentos: no § 1 de *Sobre a extensão de um teorema relativo à teoria das*

17. Sobre este termo, ver o cap. IV, 1.2.2.

18. Para obter outras explicações, ver cap. III, 1.1.2. Em poucas palavras, **N** representa o discreto, e **R** o contínuo.

19. *G.A.*, p. 85. Cantor evocava, provavelmente, a dissertação de 1872, na qual ele havia exposto sua teoria dos reais.

20. A expressão "reta real" é reveladora desse vínculo (cf. "Introdução", nota 5).

séries trigonométricas, de 1872, Cantor limitou-se a uma exposição puramente técnica; esta foi completada, nos *Grundlagen* de 1883, no âmbito de uma reflexão filosófica sobre a matemática, o infinito e o contínuo. O estudo de 1872 foi necessário para a demonstração do teorema mencionado no título da dissertação:

> Com esse objetivo, sou obrigado a começar por explicações ou, antes, por algumas simples indicações, destinadas a esclarecer as diversas maneiras como podem comportar-se as grandezas numéricas em número finito ou infinito.[21]

Ao expor, pela primeira vez, sua teoria dos reais, Cantor já conhecia a teoria de Weierstrass, mas ignorava ainda a do matemático francês Charles Méray (1835-1911), publicada em 1869, bastante parecida com a sua; quanto à teoria de Dedekind, ela foi tornada pública, igualmente, em 1872. No entanto, o vínculo é mais estreito com a teoria de Heine, publicada nesse mesmo ano; aliás, ele reconhecia ter sido ajudado por Cantor.

4.1.1. Sequências não convergentes em Q

A exemplo de todos esses matemáticos[22], Cantor considerava como dado o conjunto Q dos números racionais que "constituem", afirmava ele, "o fundamento indispensável

21. *G.A.*, p. 92. Em toda a dissertação de 1872, Cantor utilizou a expressão "grandeza numérica" para designar o que, em 1883, ele designará como "número real"; e, em vez de "conjunto", falou de "domínio". Para o enunciado do teorema indicado, ver cap. IV, 1.2.2.

22. Frege foi o único que, por razões de doutrina, adotou um procedimento diferente; para uma apresentação de sua teoria, cf. Jean-Pierre Belna, *La Notion de nombre chez Dedekind, Cantor, Frege*, Paris, Vrin, 1996 (daqui em diante, *Belna 1996*), pp. 252-274.

para o estabelecimento do conceito mais extenso de grandeza numérica"[23].

Ao designá-lo por domínio A, ele atribuía-lhe as propriedades habituais:

1. Fechado para as quatro operações elementares (adição, subtração, multiplicação e divisão): por exemplo, para a divisão, o quociente de dois racionais é sempre um racional.

2. Relação de ordem total: para dois racionais quaisquer, pode-se sempre afirmar que eles são iguais ou se um é menor que o outro.

3. Densidade: entre dois racionais quaisquer, existe sempre, no mínimo, outro racional.[24]

E tendo designado tal conjunto, em 1883, como "sequência fundamental" – o que, atualmente, se designa por "sequência de Cauchy" em **Q** –, Cantor forneceu a seguinte definição: trata-se de uma sequência (a_n) de racionais tal que "a diferença $a_{n+m} - a_n$ torna-se infinitamente pequena à medida que *n* cresce, qualquer que seja o número inteiro positivo *m*"[25]. Algumas dessas sequências são convergentes em **Q**: por exemplo, a sequência definida por $a_n = 1 - 1/n$ $(n \neq 0)$ é uma sequência de Cauchy, cujo limite é 1. No entanto, outras sequências não têm limite racional: assim, a sequência, definida por $u_1 = 1$; $u_2 = 1-1/3$; $u_3 = 1-1/3+1/5$;

23. *G.A.*, p. 92.

24. Se a segunda propriedade é verdadeira em **N**, **Z**, **Q** e **R**, a primeira é falsa em **N**: o quociente de 5 por 2 não é um inteiro. Por sua vez, a última propriedade, que é falsa em **N** – entre 2 e 3, não há qualquer inteiro natural –, é insuficiente para garantir o caráter contínuo de **Q**.

25. *G.A.*, p. 93 (a definição dos *Grundlagen* é idêntica). Definição, em seguida, transcrita com a ajuda da "notação em ε" de Weierstrass. Ou seja, em linguagem moderna: "$\forall \varepsilon \in Q^{*+}, \exists N \in N^{*}$ t.q. $n. \geq N \rightarrow |a_{n+m} - a_n| < \varepsilon$ com *m* inteiro positivo qualquer. O que se lê: para qualquer racional ε estritamente positivo, existe um inteiro N não zero tal que se *n* é maior ou igual a N, então o valor absoluto de $(a_{n+m} - a_n)$ é estritamente inferior a ε. Cf. Glossário.

u_4= 1-1/3+1/5-1/7;..., é uma sequência de Cauchy, cujo limite não é racional (ela é igual a $\pi/4$).

4.1.2. Os irracionais como limites de sequências de racionais

Q não está, portanto, *fechado*, ou *completo*, para a operação "limite de uma sequência de Cauchy". Se (1) é uma sequência de Cauchy não convergente em **Q**, os novos números – os irracionais – são definidos como limites de tais sequências:

> Deste modo, exprimo essa propriedade da sequência (1): "a sequência (1) tem um limite determinado *b*".
> Portanto, o único sentido dessas palavras é, em primeiro lugar, o de exprimir essa propriedade da sequência; além disso, associamos um signo particular *b* à sequência (1).[26]

Nos *Grundlagen* de 1883, a definição era mais ou menos idêntica, com a diferença de que Cantor suprimiu a primeira alínea e adiou a utilização da palavra "limite", acrescentando simplesmente que ele associa "um número a definir *b*" a qualquer sequência de Cauchy.[27]

O domínio de números assim definidos foi chamado B por Cantor. Como A é um conjunto ordenado, dotado das quatro operações elementares, pode-se transferir a comparação entre sequências à comparação entre seus limites e estender as quatro operações ao novo domínio obtido pela reunião de A com B.[28] Portanto, **R** possui

26. *G.A.*, p. 93.

27. *G.A.*, p. 186.

28. Dir-se-á, por exemplo, que se *b* e *b'* são definidos, respectivamente, pelas sequências (a_n) e (a'_n), b + b' é definido pela sequência ($a_n + a'_n$).

as mesmas propriedades que Q. Todavia, torna-se necessário tomar algumas precauções para que a teoria seja perfeitamente rigorosa:

1. Pode ocorrer que sequências de Cauchy distintas deem origem ao mesmo número irracional.

2. Para operar sobre os limites, deve-se garantir que, por um lado, a escolha de sequências de Cauchy distintas, apesar de terem o mesmo limite, não modifique o resultado da operação e, por outro, as sequências obtidas ao operar sobre sequências de Cauchy continuem sendo sequências de Cauchy.

3. É necessário ter a possibilidade de comparar um número do domínio B com um racional e indicar com precisão o caso em que o limite de uma sequência de Cauchy faz parte de A, o que permite mostrar que qualquer número racional é também um número real.[29]

Admitamos que Cantor não se preocupe em fornecer as respostas – evidentes para ele – a tais questões; em todo caso, ele pretendia ter a possibilidade de demonstrar que um número real é efetivamente o limite de uma sequência de Cauchy não convergente em Q.

O domínio B resulta do domínio A por adjunção de limites de sequências de Cauchy não convergentes em A. Pelo mesmo procedimento, é possível construir um novo domínio C: basta adotar uma sequência de Cauchy de números reais sem que todos pertençam a Q. Cantor sabia perfeitamente que, de modo algum, ele estendia o domínio B já construído:

> Apesar de ser possível considerar os domínios *B* e *C*, em certa medida, como recíprocos, é essencial à teoria

29. Em princípio, essas três questões não foram bem tratadas por Cantor. No entanto, o exame do primeiro problema é essencial para a teoria: por exemplo, $\sqrt{2}$ pode ser "definido" por duas sequências distintas (1, 7/5, 41/29, 239/169, 1393/985,... e 3/2, 17/12, 99/70, 577/408, 3363/2378,...).

> exposta aqui manter a diferença conceitual entre os dois domínios *B* e *C*.[30]

Não tendo sido suficientemente explícito, neste ponto, Cantor pensava provavelmente na demonstração da completação de **R**, apresentada efetivamente por ele em 1883. O domínio B é constituído por todos os limites de sequências de Cauchy não convergentes em **Q**, sem que o domínio C, obtido mediante a repetição do procedimento em A e B reunidos, lhe forneça qualquer extensão; portanto, qualquer sequência de Cauchy em B converge para ele. Neste caso, diferentemente de **R**, **Q** não está *completo* para a operação "limite de uma sequência de Cauchy". Cantor construiu, assim, **R** por "extensão" de **Q**: ele completou o conjunto dos racionais por "novos números", os irracionais, definidos como limites de sequências de Cauchy não convergentes em **Q**.

É possível, portanto, repetir a operação indefinidamente sem modificar, de modo algum, o domínio precedentemente construído. Daí, uma classificação dos números reais em diferentes ordens de irracionais (racionais, limites de racionais, limites de limites, etc.) que Cantor tomou a precaução de manter pelas razões que serão apresentadas mais abaixo; tudo isso, no âmbito de questões e objeções respondidas, apenas parcialmente, pelo matemático.

4.2. Objeções e respostas

4.2.1. Um problema de expressão

Primeira questão que, apenas, aparentemente, se refere ao vocabulário: por que razão Cantor utilizou, em 1872, a expressão "grandeza numérica" em vez de "número

30. *G.A.*, p. 95.

real", como ocorreu nos *Grundlagen* de 1883? Esse procedimento indicará a dificuldade de introduzir os reais no mundo dos números ou será uma simples questão de expressões? Provavelmente pelos dois motivos porque a resposta global leva em consideração o conteúdo da teoria.

Do ponto de vista do léxico, a expressão "número real" ainda não era comumente utilizada em 1872. Além disso, apresenta um grave defeito: a palavra "real" deixaria entender que existem apenas os números qualificados desse modo, por oposição aos números chamados "imaginários".[31] O mesmo problema surgirá a propósito dos números transfinitos nos quais Cantor, talvez, já estivesse pensando.[32] Nos *Grundlagen*, ele fornecia uma explicação para os problemas decorrentes da expressão "número real", estabelecendo a distinção entre "real" (em alemão, "*reel*"), no sentido em que um número é real quando pertence a **R**, e "real" (em alemão, "*real*"), no sentido em que um número é real quando tem uma existência efetiva; portanto, já não se justificava a precaução de 1872.

De fato, a expressão "grandeza numérica" tem a vantagem da neutralidade, oriunda de seu uso tradicional. Cantor irá utilizá-la de bom grado até porque o § 2 da exposição de 1872 dizia respeito à reta como conjunto de *pontos* e não de *números*: nesse texto, uma *distância* entre pontos é uma *grandeza*. Isso é de tal modo verdadeiro que a exposição do § 1 é apresentada apenas como um instrumento a serviço da sequência da dissertação.

---

31. Um número complexo tem a forma a + bi em que a e b são reais, enquanto i é uma das duas raízes quadradas de -1; quando a = 0, o número é chamado "imaginário". Cf. Glossário.

32. "A noção de número, por mais desenvolvida que seja aqui, traz em si o princípio de uma extensão necessária em si mesma e absolutamente infinita" (*G.A.*, p. 95).

Em 1883, o objetivo e o enquadramento eram diferentes; daí, a mudança de terminologia.

4.2.2. Classes de equivalência e ordens de irracionais

E, agora, trata-se de duas questões contidas em uma, pois Cantor as associa explicitamente: por que motivo distinguir diferentes ordens de irracionais e rejeitar as noções de *relação* e de *classe de equivalência*, utilizadas atualmente para apresentar sua teoria? Ele não ignorava que, na teoria dos números, Gauss já usava tal procedimento. Vejamos um exemplo simples e concreto: consideremos o conjunto das 32 equipes que, na França, disputaram a Copa do Mundo de Futebol, em 1998. A relação "estar no mesmo grupo de qualificação" é uma relação de equivalência sobre esse conjunto[33]; as classes de equivalência são, neste caso, os oito grupos assim constituídos, dos quais cada equipe é um representante. Aqui, define-se, em primeiro lugar, as classes; e, em seguida, a relação. Inversamente, numerosos conceitos matemáticos são definidos como classes de equivalência para determinada relação de equivalência: por exemplo, o conjunto das retas do plano e a relação de paralelismo que é uma relação de equivalência. Dir-se-á que a direção da reta é a classe de todas as retas paralelas entre si.[34]

Na teoria de Cantor, as sequências de Cauchy distintas podem definir o mesmo número. Portanto, Cantor poderia ter definido uma relação de equivalência sobre

33. Ela é *reflexiva* – cada equipe está no seu próprio grupo; *simétrica* – se a equipe A está no mesmo grupo da equipe B, a equipe B está no mesmo grupo da equipe A; e *transitiva* – se a equipe B está no mesmo grupo da equipe A e a equipe C no mesmo grupo da equipe B, a equipe C está no mesmo grupo da equipe A. Cf. Glossário.

34. Qualquer reta é paralela a si mesma; se D é paralela a D', D' é paralela a D; se duas retas são paralelas a uma mesma terceira, elas são paralelas entre si. A direção da reta D será a classe de todas as retas paralelas a D.

o conjunto das sequências de Cauchy em Q da seguinte maneira: duas sequências (u_n) e (v_n) serão equivalentes se a diferença $(u_n - v_n)$ se tornar infinitamente pequena à medida que *n* cresce, seja $\lim_{n \to \infty} (u_n - v_n) = 0$. Um número irracional teria sido, assim, uma classe de equivalência para essa relação. Isso teria evitado que Cantor fundasse sua teoria sobre uma proposição contraditória: um número irracional é o *limite* de uma sequência *divergente* em Q.[35] Certamente, ele percorreu parcialmente o caminho ao deduzir da relação acima que os limites das duas sequências são iguais, mas ficou por aí:

> Igualar duas grandezas numéricas *b* e *b'* do domínio *B* não implica sua identidade, mas exprime somente uma determinada relação entre as sequências às quais elas se referem.[36]

Não se trata, em lugar algum, de uma definição em termos de relação e de classe de equivalência; além disso, essa recusa é totalmente assumida. Cantor não se apercebeu, talvez, das vantagens que se podia tirar da possibilidade de generalizar o procedimento gaussiano (relação e classes de equivalência) porque, antes de ser lógica, sua preocupação é conceitual. Para ele, introduzir classes de equivalência consistia em complicar inutilmente a definição dos reais e perder o vínculo íntimo que une um número irracional à sequência que o define.

É pela mesma razão que ele estabelece a distinção entre diferentes ordens de irracionais. Não é porque somente em 1872, Cantor tenha vislumbrado o estudo topológico da reta real (objeto do § 2 da dissertação)

35. Por natureza, uma sequência não pode ser divergente e, ao mesmo tempo, ter um limite. Esse é, na teoria de Cantor, o problema mais importante, cujo estudo aprofundado será apresentado mais adiante.

36. *G.A.*, p. 95.

nem que já pense não propriamente nos números transfinitos, mas pelo menos na possibilidade de iterar um procedimento para além do finito[37]. É sobretudo porque ele tem o projeto de aprimorar seu estudo da estrutura dos números irracionais[38], o que fará nos *Grundlagen*. Cantor sabia que era possível identificar os domínios C e B, ou seja, qualquer número de ordem 2 com um número de ordem 1.[39] Não se tratava de uma "inadvertência" para induzir a acreditar que ele quisesse "estender o domínio dos números reais", de acordo com suas próprias palavras; mas por que manter "a distinção formal" entre os domínios B e C?

Intransigente em relação à sua preocupação conceitual, Cantor respondia: pode-se, assim, "exprimir as diferentes maneiras de definir [as grandezas numéricas] por meio de sequências simplesmente infinitas" e "descrever, em um estilo extraordinariamente fluído e fácil de apreender, a plenitude do tecido da análise, da maneira mais simples e mais característica".[40] Eliminar a distinção entre as diferentes ordens de irracionais seria deixar escapar a essência dos números reais.

37. Pensamos aqui na construção dos domínios B, C, etc., assim como na classificação dos irracionais em limites de racionais, limites de limites, etc., e, mais ainda, no conteúdo do § 2 (cf. cap. IV, 1.3).

38. "Tomo a liberdade de voltar [ao assunto], de forma mais detalhada, em outra oportunidade" (*G.A.*, p. 96).

39. Vale lembrar que um número real de ordem 1 é o limite de uma sequência de Cauchy não convergente em Q (seu conjunto constitui o domínio B); que um número real de ordem 2 é o limite de uma sequência de Cauchy em B, portanto, o limite de uma sequência de limites (seu conjunto constitui o domínio C), etc.

40. Exceto a última (retirada dos *Grundlagen* – *G.A.*, p. 188), todas essas citações são extraídas de uma carta enviada a Dedekind, em 29 de dezembro de 1878 (*Cavaillès 1962*, p. 220).

4.2.3. Passagem ao limite

Como demonstrar – e tal demonstração garantiria que **R** é efetivamente uma extensão de **Q** – que qualquer número racional é também um número real? Eis o que é elaborado apenas parcialmente por Cantor, aliás, de uma forma que augura o problema colocado pela noção de limite. Quando *a* é um número racional e (a_n) uma sequência de Cauchy em **Q**, dever-se-ia mostrar com todo o rigor que se $\lim_{n\to\infty}(a_n - a) = 0$, então, $\lim_{n\to\infty} a_n = a$. Um racional seria, assim, o limite de uma sequência de Cauchy em **Q**, portanto, igualmente um número real. Também é necessário indicar com precisão a sequência correspondente a determinado número racional *a*, como Cantor afirmava nos *Grundlagen*.[41] Ao examinar o comportamento até o infinito da diferença $(a_n - a)$, ele indica, também, como comparar um racional *a* com um irracional dado por uma sequência de Cauchy (a_n).

Última questão e a mais crucial: como definir os irracionais como limites de sequências de racionais destituídos, justamente, de limites em **Q**? Ou em outras palavras, como efetuar com todo o rigor a passagem ao limite? Cantor tinha consciência do problema já que se trata do único ponto de sua teoria que sofreu uma verdadeira modificação entre 1872 e 1883. Mas ele não pressupõe, contrariamente a suas afirmações na época, a existência de um limite irracional, antes mesmo de tê-lo demonstrado? É possível provar que os reais são limites de sequências de racionais sem que eles tenham sido definidos previamente? A resposta é negativa, pois Cantor pretendia demonstrar em uma única etapa o que exige duas; daí, um procedimento circular.

41. Ou seja, a sequência (a_n) em que todos os termos são iguais a 1/2; evidentemente, teremos $\lim_{n\to\infty} a_n = 1/2$

Em um primeiro momento da dissertação de 1872, ele definia por uma propriedade específica o que é uma sequência de Cauchy e acrescentava que tal sequência, apesar de ser não convergente em Q, "tem limite determinado *b*". Expressão que se restringe a remeter à propriedade em questão e permite associar "um signo particular *b*" a qualquer sequência de Cauchy. No entanto, o termo "limite" tem aqui um sentido, já que se trata precisamente de uma sequência *não* convergente em Q?[42] Haverá a garantia da existência desse *b* já que se *sai* precisamente do único conjunto conhecido por enquanto, a saber, Q? Não; provavelmente é por essa razão que Cantor fala, sem ser muito claro, a um só tempo de "limite" e de "signo".

Portanto, convém justificar a expressão "$\lim_{n\to\infty} a_n$" e mostrar que é possível igualá-la a *b*, o que garantiria a existência do irracional *b*. Daí, um segundo momento em que Cantor afirmava que isso resulta do exame do comportamento até o infinito da diferença $(u_n - v_n)$, assim como da transferência das operações elementares em Q para as operações sobre os "limites". Nessa época, ele pretendia (e "podemos demonstrar rigorosamente essa consequência"[43]) que, se *b* corresponde à sequência de Cauchy (a_n), $b - a_n$ torna-se infinitamente pequeno à medida que *n* cresce, ou seja, que $b = \lim_{n\to\infty} a_n$. No entanto, tal demonstração não se encontra em lugar algum.

Em 1883, consciente da dificuldade, Cantor renovou sua afirmação em termos diferentes e a partir de premissas ligeiramente modificadas, que lhe permitiam evitar a utilização prematura do termo "limite". Mas, nada diz sobre o que permite verificar a validade da seguinte asserção:

42. Retomamos aqui a questão formulada *supra*, nota 35.

43. Esta observação aparece apenas na tradução francesa de *Acta Mathematica*, contemporânea da redação dos *Grundlagen*, o que confirma que Cantor pensa ter resolvido o problema.

> De todos esses preparativos, resulta como primeiro teorema *rigorosamente demonstrável* que, se *b* é o número determinado por uma sequência fundamental (a_n), então, $\lim_{n\to\infty} a_n = b$.[44]

Nos dois casos, trata-se de uma afirmação puramente gratuita; e, se Cantor não propõe uma verdadeira demonstração, é porque ela é impossível. Sem entrar nos detalhes demasiado técnicos, a demonstração de que um número irracional é o limite de uma sequência de racionais só é possível quando os números reais – e, em seguida, a noção de limite em **R** – tiverem sido definidos. A convergência é *relativa* ao conjunto considerado: uma sequência de racionais é convergente em **Q** e tem um limite racional, ou é divergente e, neste caso, não tem limite. Em hipótese alguma isso pode ser um número irracional já que ainda não se sabe o que é isso.

Neste caso, não tem qualquer sentido falar da sequência $(b - a_n)$ ou do limite de (a_n); o mesmo ocorre com o quociente de 5 por 3 em **N**, já que não se trata de um inteiro natural. Todos esses pontos, sendo do domínio da matemática no sentido estrito, podem parecer afrontosamente técnicos, até mesmo pitorescos. Tal impressão será atenuada quando se visa ao perfeito rigor e se procura apreender o pensamento de um matemático; eis o que vamos tentar fazer a seguir.

4.2.4. Tentativa de síntese

Cantor constatou as lacunas de **Q**: algumas sequências de Cauchy não têm limite racional. Ele associou-lhes o que designava como “grandeza numérica”, “valor”,

44. *G.A.*, p. 187.

"limite".[45] Desconcertado, ele hesitou em conferir-lhes, imediatamente, o estatuto de números (essa é a resposta matemática para a questão de vocabulário formulada mais acima). Cantor completou, portanto, o conjunto dos racionais com novos "indivíduos"; aliás, ele pensava ser capaz de mostrar que estes eram efetivamente limites de uma sequência de Cauchy. Orientado pela "imagem" da reta real e pela intuição da passagem ao limite, ele acreditava ser legítimo designá-los como "limites" e, mais tarde, "números", por corresponderem à *sua* "representação" dos irracionais.

Entretanto, eles são definidos apenas por sua posição entre os números racionais – ou seja, é possível comparar qualquer irracional com um racional "infinitamente próximo" dele – e pela possibilidade de estender as operações válidas em Q. Aqui, conta apenas a relação que associa o número real à "sua" sequência de Cauchy; neste sentido, pode-se afirmar, com razão, que ele a *representa*. E graças a sua correspondência com os pontos da reta, as grandezas numéricas são dotadas, em 1872, de "certa objetualidade[46] de que elas não deixam de ser completamente independentes", afirmava Cantor. Reflexão que é o sinal de certo mal-estar: por um lado, Cantor visava os defensores da teoria geométrica dos reais e afirmava a pretensão de ter baseado sua teoria unicamente na aritmética; por outro, ele aceitava que a correspondência pontos da reta/grandezas numéricas

45. *G.A.*, p. 95. Cantor indica explicitamente que os três termos são, para ele, sinônimos.

46. *G.A.*, p. 97. Traduzimos *Gegenständlichkeit* (*Gegenstand* significa "objeto" no sentido próprio) pelo neologismo *objectualité*, palavra encontrada nas traduções francesas das obras de Bolzano. Julgamos, deste modo, restituir melhor o pensamento de Cantor: uma vez que cada grandeza numérica corresponde a um ponto da reta que é sua representação espacial (objetiva), é possível afirmar sua realidade enquanto objeto. O termo "objetividade" tem um sentido demasiado impreciso para ser utilizado aqui: neste caso, "objetivo" não se opõe a "subjetivo", mas a "abstrato" ou "ideal".

servisse para confirmar a existência de "seus" números reais. Em 1883, ele justificou essa existência no âmbito de uma ampla reflexão sobre a natureza dos objetos matemáticos (cf. cap. VI).

4.2.5. À guisa de conclusão

A teoria propriamente dita de Cantor foi considerada, bem cedo, como destituída de suficiente rigor. Eis por que, atualmente, ela é apresentada de uma forma diferente (aliás, essa é a razão que nos levou a expô-la tal como ela era na origem): os números reais são definidos como classes de equivalência de sequências de Cauchy em **Q** e, em seguida, é definida a noção de limite em **R**, além de ser demonstrado, por último, que um número irracional é efetivamente o limite de uma sequência não convergente em **Q**. Ao adotar tal procedimento, Cantor teria evitado um grande número de dificuldades, mas já indicamos o motivo pelo qual ele não o fez: em seu entender, um número irracional é intuitivamente o limite de uma sequência de racionais.

Cantor se ateve tanto a essa ideia que critica, nos *Grundlagen*, a teoria de Weierstrass – apesar de admitir semelhanças com a sua – por ser complexa e incapaz de explicar o caráter contínuo do conjunto dos reais. Em relação à teoria de Dedekind, cujo mérito – reconhecido por Cantor – consistia em definir cada número irracional por um "corte" único[47], tinha o inconveniente de não ser natural: na prática, pretendia Cantor, os irracionais

47. Dedekind "recorta" **Q** em dois subconjuntos tais que qualquer elemento de um é inferior a qualquer elemento do outro; quando os dois subconjuntos não têm racional comum, isso define um irracional. Por exemplo, se, de um lado, colocarmos todos os racionais, cujo quadrado seja inferior a 2, e, do outro, todos aqueles cujo quadrado é superior a 2, define-se o irracional $\sqrt{2}$ (para uma explicação da teoria de Dedekind, cf. *Belna 1996*, pp. 64-81).

nunca se *apresentam* de acordo com a proposta do amigo. Observação pragmática que dissimula a realidade: a abordagem de Dedekind é *aritmética* e *algébrica* ("recorta-se" um conjunto de números), enquanto a de Cantor é *geométrica* e *analítica* (procede-se a uma passagem ao limite).[48]

Cantor pretendia, portanto, inscrever-se na corrente da aritmetização da análise[49]; mas só o conseguiu em parte. Tendo assumido a imagem da reta, ele serviu-se sub-repticiamente da intuição geométrica; tal objetivo só é alcançado se a sua teoria for corrigida, conforme foi indicado mais acima. Se é verdade que a apresentação de 1872 não pretendia constituir uma teoria acabada dos reais, isso não se verificou em 1883 e, deste ponto de vista, o avanço é relativo.

4.3. Primeiro tratamento do infinito e do contínuo

A apresentação de 1872 foi o primeiro grande trabalho de Cantor. Apesar de sua brevidade e de seu caráter exclusivamente técnico, ela oferecia o primeiro resumo de duas características da matemática cantoriana:

1. A importância da noção de *ordem*: definição dos reais com a ajuda de sequências, distinção entre as diferentes ordens de irracionais.

2. Uma concepção da matemática que revela um Cantor *criador*, confiante em sua intuição, mais inclinado a explorar territórios até então desconhecidos que preocupado em respeitar os cânones do rigor matemático.

Entretanto, existem lacunas que só mais tarde serão prenchidas:

48. Cf. Hourya Sinaceur, *Corps et modèles*, Paris, Vrin, 1991, p. 27. As duas definições são de fato equivalentes. Segundo parece, Cantor e Dedekind haviam vislumbrado essa convergência, mas não puderam comprová-la.

49. Cf. a citação *infra*, cap. VI, 1.3.

1. Há a *abordagem* do contínuo, apenas de forma acidental, pelo exame do conjunto dos reais: nenhum exame da noção de continuidade, nem do que caracteriza, verdadeiramente, o contínuo.

2. Trata-se realmente do infinito, mas por enquanto ele aparece apenas como limite ou possibilidade de iterar um procedimento para além do finito; em parte alguma, apresenta-se como um número que teria a mesma legitimidade que os números já aceitos. Portanto, infinito *analítico*, sem ser ainda *numérico* ou *aritmético*.

De modo que a seguinte questão não pode receber resposta exata: Cantor teria já em mente, nem que fosse um esboço, a teoria dos conjuntos e dos números transfinitos? Como justificativa para uma resposta afirmativa, citemos de novo esta frase de Cantor:

> A noção de número, por mais desenvolvida que seja aqui, traz em seu bojo o princípio de uma extensão necessária em si mesma e absolutamente infinita.[50]

Provavelmente, já se encontra aí a antecipação de um desenvolvimento inédito. No entanto, Cantor manifestou certa discrição: ou por se limitar ao que, na época, era necessário para atingir seu objetivo, deixando para mais tarde uma exposição mais completa; ou por ter ficado incrédulo diante de suas descobertas. Apesar disso, não há qualquer dúvida de que o gênio de Cantor já estava presente em 1872 e só esperava a oportunidade para se manifestar em toda a sua plenitude.

50. *G.A.*, p. 95.

III

Potência e dimensão

Vamos agora abordar o domínio privilegiado de Cantor: o infinito. Ao provar a não enumerabilidade do conjunto dos reais, ele conseguiu estabelecer, com toda a clareza, a distinção entre enumerável e contínuo; deste modo, foi levado a introduzir a noção de potência e a esboçar sua teoria dos conjuntos e dos números transfinitos.[1] Ao mesmo tempo, formulou, pela primeira vez, a hipótese do contínuo.[2] Movido por uma curiosidade insaciável, ele empreendeu uma profunda reflexão sobre a noção de dimensão de um conjunto de pontos. Como teremos oportunidade de constatar, Cantor formulou algumas questões totalmente originais: vamos analisá-las com precisão porque, nesse momento, assistia-se ao surgimento de uma nova matemática.

1. Dois "infinitos" distintos: o enumerável e o contínuo

1.1. Impossibilidade de enumerar o contínuo

1.1.1. Indivisibilidade do contínuo

"O que é o contínuo?", eis a questão que, durante toda a vida, vai obcecar Cantor a ponto de levá-lo a criar

---

1. Para uma explicação rápida desses conceitos, remetemos o leitor para a "Introdução".

2. Cf. cap. I, nota 45.

praticamente todos os componentes de uma nova matemática. Bastante antiga, tal questão já havia atormentado Aristóteles e, mesmo antes dele, Zenão de Eleia, que havia comprovado, ao apresentar seus paradoxos, a impossibilidade do movimento.[3] Analisemos um desses paradoxos: com um arco e uma flecha, estamos em A e visamos um alvo B, atingido efetivamente. No entanto, isso é impossível, afirmava Zenão, baseado no seguinte raciocínio: para cobrir a distância entre A e B, a flecha deverá necessariamente passar por C – metade do percurso de AB; e, para percorrer a distância entre A e C, passar por D – metade do percurso de AC; portanto, por E – metade do percurso de AD; e assim por diante.[4] De modo que a flecha nunca chega a "sair" do arco já que "é impossível tocar uma infinidade de pontos, um por um, em um tempo finito"[5]:

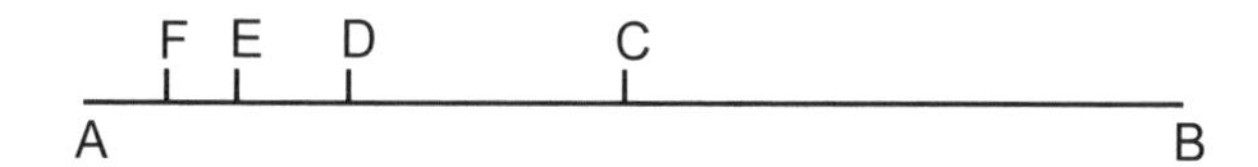

O sofisma, desmontado por Aristóteles, consiste em pretender que o tempo e a trajetória, limitados em duração e

3. Aristóteles (384-322 a.C.), filósofo grego, foi aluno de Platão e, ao mesmo tempo, seu primeiro grande crítico. Por sua vez, Zenão (nascido cerca de 490 a.C.) foi um filósofo pré-socrático que, em sua reflexão sobre o infinito, alcançou uma grande profundidade. Os paradoxos opostos por ele à ideia de movimento se revolvem, agora, com a ajuda de séries infinitas convergentes. A título de curiosidade, assinalemos que Lewis Carroll (1832-1898), lógico e matemático de profissão, escreveu um artigo sobre um desses paradoxos: "Ce Que la Tortue dit à Achille", in *Œuvres complètes*, Paris, Laffont, col. "Bouquins", 1989. Para um estudo da noção de contínuo sob todos os seus aspectos, remetemos o leitor para Jean-Michel Salanskis e Hourya Sinaceur (eds.), *Le Labyrinthe du continu*, Paris, Springer-Verlag France, 1992.

4. É justamente a imprecisão das expressões "assim por diante", "etc.", que elimina a matematização do infinito.

5. Aristóteles, *Física*, VI, 2, 233a 22-23.

comprimento, sejam realmente divisíveis em instantes e em pontos. Ora, isso é falso: trata-se de contínuos, que somente são divisíveis ao infinito potencialmente; não há instantes nem pontos que possam ser "realmente" separados. O contínuo de Aristóteles é um todo *virtualmente* constituído por partes: consecutivas (nenhuma separação entre elas), em contato (suas extremidades se tocam) e cujos limites são comuns.

Além de uma linha reta, é difícil dar uma melhor representação em imagem do contínuo. Mas, convidamos o leitor pouco convencido por Zenão e Aristóteles a refletir sobre isso: certamente, a natureza impõe ao tempo o ritmo dos anos, das estações, do nascer do dia e dos poentes; no entanto, nós próprios experimentamos o tempo como se ele se escoasse continuamente e é justamente nossa incapacidade de nos situarmos nesse fluxo que nos obriga a fixar pontos de referência (meses, dias, horas, minutos, etc.). Isso é tão verdadeiro que foi impossível estabelecer qualquer distinção entre o dia 31 de dezembro de 1999, à meia-noite, e 0 hora do dia 1º de janeiro de 2000. Do mesmo modo, delimitamos um trajeto contínuo por meio de cruzamentos, esquinas de rua, estações de metrô, marcos quilométricos, etc.

Vinculadas ao contínuo "físico" de Aristóteles (o tempo e o espaço), surgem duas noções essenciais: *infinito* e *todo*, cujas *partes* "mantêm-se juntas". Os matemáticos vão esforçar-se, em primeiro lugar, para desvencilhar o contínuo de seu vínculo com a física, conferindo-lhe um estatuto estritamente matemático e, em seguida, para fornecer uma definição aceitável do infinito como limite e da continuidade como propriedade de uma função. Eis o que será feito no século XIX. A definição rigorosa dos números reais foi obtida por Cantor e outros matemáticos no final desse século, o que constituiu uma primeira abordagem – analítica – do contínuo (no fundamento da análise, encontra-se o conjunto, contínuo, dos números reais), mas insuficiente; a segunda é aritmética (procede-se à enumeração desse conjunto), e se deve exclusivamente a Cantor.

1.1.2. Finito, enumerável e contínuo

Antes de retomar essa segunda abordagem, vamos indicar com precisão três noções essenciais da matemática cantoriana. Um conjunto será *finito* se for constituído por elementos em número finito: por exemplo, um rebanho de carneiros. Por maior que seja o conjunto, é teoricamente possível enumerar seus elementos, mesmo que a duração da vida de uma pessoa não seja suficiente para executar tal operação. Se, agora, a esse rebanho, acrescentarmos um carneiro e ainda um outro e, assim por diante, indefinidamente, obteremos um conjunto infinito *enumerável* de carneiros, mas descontínuo, ou seja, constituído por elementos discretos. A exemplo do que ocorre com um conjunto *contínuo*, a enumeração é "materialmente" impossível: por exigir um tempo infinito (no primeiro caso); ou por ser impossível separar seus elementos (no segundo caso). No entanto, a proeza de Cantor consistirá em definir, para esses conjuntos, *determinados* números, chamados "transfinitos".

Portanto, haverá três tipos de conjunto bem distintos: os conjuntos *finitos*, os conjuntos infinitos *enumeráveis* e os conjuntos infinitos *contínuos*. Assim, uma reta é contínua, mas uma sucessão de pontos é finita (por exemplo, ...) ou enumerável. Em relação aos conjuntos de números, {1,2,3,4} é um conjunto finito; **N** – ou seja, {1,2,3,...,n,...,} – é um conjunto infinito enumerável; e **R**, o conjunto dos números reais, é contínuo. A natureza da diferença entre **N** e **R** é que suscitará a criação cantoriana.

Com efeito, Cantor interessou-se pela oposição não tanto entre finito e infinito, mas entre *enumerável* e *contínuo*. Daí, a questão formulada no início deste capítulo a qual tem a ver não só com a matemática, mas também com a filosofia, a física e a curiosidade em conhecer; aliás, desde o termo dos estudos, Cantor havia adotado esse objetivo para suas pesquisas.[6] Portanto, será preciso definir verdadeiramente o enumerável e o contínuo: era impossível contentar-se em afirmar que "enumerável" corresponde ao conjunto a que se pode "acrescentar elementos indefinidamente", enquanto "contínuo" é "aquele que não tem furos". Daí, a introdução da noção de *potência* de um conjunto[7] no centro de uma nova teoria: a dos conjuntos e dos números transfinitos.

1.1.3. Contribuição de Bolzano

Nova teoria, sem dúvida, mas ainda neste ponto, Cantor teve um predecessor de quem já falamos: Bolzano. Em sua obra *Paradoxien des Unendlichen* [Paradoxos do infinito][8], ele matematiza o conceito de conjunto infinito ao tornar os paradoxos tradicionais vinculados a essa noção uma caracterização positiva desta. Um axioma de Euclides (válido sempre no caso finito) afirma:

> O todo é maior que sua parte.[9]

Bolzano mostra que dois conjuntos infinitos – e mesmo que um esteja incluído no outro – podem ser postos em

6. Cf. cap. I, nota 6. Platão afirmava que a alma é incentivada a refletir unicamente por aquilo que contém contrários em seu bojo. O próprio Deus é criador de pares opostos: "Deus criou o céu e a terra", "Deus separou a luz das trevas" (Gênesis, 1).
7. A potência de um conjunto é o número, finito ou infinito, de seus elementos (cf. "Introdução", nota 7).
8. Bernard Bolzano, *Paradoxes sur l'infini*, Introd., notas e trad. de Hourya Sinaceur, Paris, Le Seuil, 1993.
9. *Elementos*, I, axioma 8.

bijeção, ou seja, que qualquer elemento de um corresponde a um único elemento do outro, e reciprocamente.

Consideremos um conjunto de convidados para um jantar. Para o sucesso do evento, é necessário que cada convidado disponha de uma cadeira, e de uma só; além disso, cada cadeira deve corresponder a um só convidado. O conjunto dos convidados e o das cadeiras estão, assim, em bijeção. Uma cadeira para duas pessoas criaria um problema; uma cadeira a mais seria inútil.[10] No caso do infinito, Bolzano introduziu a seguinte aplicação *f* :[11]

- $f : [0,5] \rightarrow [0,12]$

$$x \rightarrow y = f(x) = \frac{12}{5}x$$

$$1 \qquad \frac{12}{5}$$

(Qualquer real x, compreendido entre 0 e 5, corresponde a um único real y = f(x), compreendido entre 0 e 12. Teremos, assim, f(1/2) = 6/5, f(1) = 12/5, f(5) = 12, etc.)

Reta y = f (x) = (12/5)x

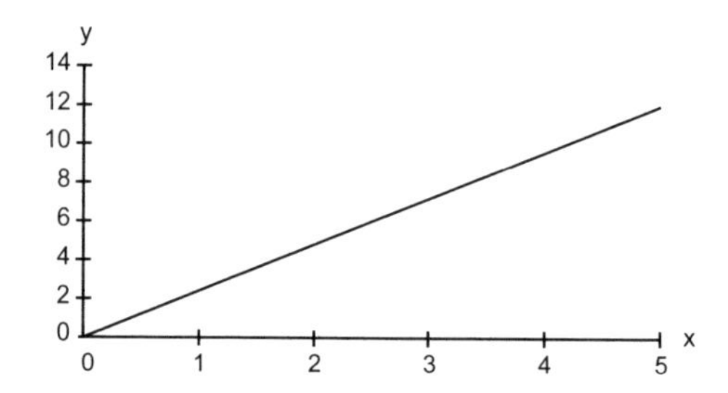

10. Observe-se que essa bijeção permite afirmar que existem tantas cadeiras quantos são os convidados, sem que seu número seja conhecido.

11. Outro exemplo é a aplicação de N no conjunto dos números pares: ela faz com que qualquer inteiro corresponda ao seu duplo.

Ainda que os intervalos [0,5] e [0,12] sejam conjuntos constituídos por uma infinidade de elementos e tais que o segundo contém o primeiro, eles estão em bijeção. Mas, em Bolzano, não se trata de número infinito e é difícil avaliar sua verdadeira influência, uma vez que suas obras permaneceram desconhecidas durante muito tempo: tendo conhecido o livro *Paradoxos* somente em 1882, Cantor não deixou de ser, em seguida, seu leitor atento e crítico.[12]

Com a teoria dos reais de 1872, Cantor carecia não só de uma definição do caráter contínuo de **R**, mas também de uma caracterização nítida do que distingue dois infinitos, evidentemente, distintos: por um lado, o enumerável de **N** e, por outro, o contínuo de **R**. Essa foi a questão – abordagem *aritmética* da noção de infinito – examinada por ele naquele momento.

1.2. A demonstração de 1874

1.2.1. Uma questão judiciosa

Nas cartas enviadas a Dedekind no final do ano de 1873 é que Cantor se questionou, pela primeira vez, sobre a distinção entre enumerável e contínuo; no entanto, torna-se complicado refazer o itinerário intelectual que o conduziu a examinar essa questão.[13] Os dois matemáticos sabem que a quantidade de pontos da reta é infinitamente superior aos números contidos em **Q** e mostraram que **R** tem, pelo menos, uma propriedade

12. Em uma carta enviada a Dedekind, em 7 de outubro de 1882, Cantor anunciava-lhe o envio de um exemplar do "notável opúsculo de Bolzano" (*Dugac 1976*, p. 256).

13. Salvo menção contrária, tudo o que relatamos a seguir é tirado da correspondência desse período entre os dois matemáticos (*Cavaillès 1962*, pp. 187-196).

ausente de Q: a completação. Mas como explicar essa diferença de essência? Neste caso, Cantor submeteu a Dedekind uma "questão que, para [ele], tem certo interesse teórico, mas para a qual não encontrou resposta" e que pode ser formulada deste modo: existe uma bijeção entre **N** e **R**?

Cantor intui que a resposta é negativa – "**N** é composto por partes discretas, enquanto **R** é contínuo" –, mas, como Dedekind, não sabe como justificá-la. Eles só conseguiram demonstrar o seguinte: **Q** e o conjunto dos números *algébricos* são enumeráveis.[14] Nessa troca de cartas, Cantor sublinhou com razão que, neste caso, a intuição não tinha qualquer serventia: contrariamente ao que poderia levar a acreditar "o bom-senso", existe uma bijeção entre **N** e **Q**. E tendo desconfiado de sua própria subjetividade, a constatação da incapacidade de Dedekind para responder à questão devolveu-lhe a tranquilidade.

Aliás, Cantor estava mais preocupado em saber a razão pela qual a resposta era negativa. Com efeito, no início, ele – assim como Dedekind – não havia apreendido as implicações do problema; para ambos, demonstrar que a resposta é negativa seria confirmar simplesmente a validade de um teorema estabelecido, havia já trinta anos, por Liouville[15], garantindo a existência dos números *transcendentes*, ou seja, não soluções de uma equação com coeficientes

14. Um número algébrico é um número tal que existe uma equação com coeficientes inteiros da qual ele é solução: por exemplo, $\sqrt{2}$ – solução de $x^2 - 2 = 0$ – é um número algébrico. Cf. Glossário.

15. Joseph Liouville (1809-1882), matemático francês cujos trabalhos têm como objeto a geometria, a análise e a teoria dos números, é igualmente conhecido por ter fundado o *Journal de Mathématiques Pures et Appliquées*; nesta publicação é que, pela primeira vez, em 1846, foram editados os trabalhos do matemático francês Evariste Galois (1811-1832). Suas ideias sobre o papel dos grupos revelaram-se de uma excepcional fecundidade para a resolução das equações algébricas. [N.T.]

inteiros.[16] Aliás, os dois insistiam, em particular, sobre o interesse da demonstração de enumerabilidade do conjunto dos números algébricos, a qual garante a possibilidade de classificá-los em uma sequência.

1.2.2. Uma descoberta essencial

No início de dezembro de 1873, Cantor enviou a Dedekind uma primeira demonstração do fato que era impossível estabelecer uma bijeção entre **R** em **N**, portanto, que o conjunto dos reais é *não* enumerável. Ele encontrou rapidamente uma simplificação para o problema e tomou consciência da importância do resultado. Ele sabia que poderia resolver novos problemas, estudar a natureza de novos conjuntos e distinguir diferentes infinitos:

> Entre as coleções e os conjuntos de valores, existem diferenças essenciais, mas até recentemente eu ainda não sabia sondar suas causas.[17]

Entusiasmado por ter despertado o interesse de Dedekind por essas questões, Cantor decidiu prosseguir seus esforços nessa nova via, e continuar a solicitar as observações do amigo. No início de 1874, ele publicou o estudo *Sobre uma propriedade do conjunto de todos*

16. Por exemplo, π – que é um número transcendente – não é solução de qualquer equação com coeficientes inteiros do tipo $2x^3 + x^2 - 4x + 3 = 0$.

17. Já é tempo de mencionar um problema de terminologia. Para designar o que atualmente é conhecido como "conjunto", Cantor utilizou três termos – *Inbegriff*, *Mannigfaltigkeit* e *Menge* – que são traduzidos, respectivamente, por "coleção", "multiplicidade" e "conjunto"; finalmente, foi *Menge* quem levou a melhor. Para simplificar, traduziremos, sempre que isso for possível, esses três termos por "conjunto".

os números algébricos reais.[18] A dissertação comporta dois parágrafos: no primeiro, Cantor demonstra que o conjunto dos números algébricos é enumerável; e, no segundo, que **R** não o é. A introdução da dissertação termina com as seguintes palavras:

> Assim, consegui estabelecer uma distinção nítida entre o que é designado por contínuo e um conjunto da espécie da totalidade de todos os números algébricos reais.[19]

Vamos deixar de lado a primeira demonstração, extremamente breve e que, apesar do título da dissertação, não constituía seu ponto essencial; por sua vez, a demonstração de não enumerabilidade de **R** é demasiado complicada para ser reproduzida, aqui, *in extenso*.[20] Ela faz-se por absurdo e, implicitamente, utiliza o princípio dos *segmentos encaixados*[21], assim como as propriedades de densidade e de continuidade de **R**.

Se partimos do pressuposto de que existe uma bijeção entre **R** e **N**, podemos ordenar os reais em uma sequência $L = (x_1, x_2, \ldots, x_n, \ldots)$. Seja um intervalo qualquer $[a,b]$ de **R** e a_1 (respectivamente b_1) o número de L imediatamente superior a *a* (respectivamente inferior a *b*). Seja a_2 (respectivamente b_2) o número de L imediatamente superior a a_1 (respectivamente inferior a b_1), etc. Assim, é possível obter duas sequências (finitas ou infinitas) de números de

18. Apesar dos conselhos de Dedekind, Cantor limitou-se a esse caso. A demonstração é, efetivamente, generalizável aos números algébricos complexos, ou seja, aos números complexos enquanto soluções de uma equação algébrica com coeficientes inteiros.

19. *G.A.*, p. 116.

20. Para uma exposição completa da demonstração, cf. *Dauben 1979*, p. 51; e *Charraud 1994*, p. 251, nota 7.

21. Esse princípio é o seguinte: seja $([a_n,b_n])$ uma sequência de intervalos de **R**, tal que para qualquer *n* inteiro natural, $[a_{n-1},b_{n-1}] \subset [a_n,b_n]$. Se $\lim_{n\to\infty}(a_n - b_n) = 0$, a interseção desses intervalos é reduzida a um elemento. Cf. Glossário.

L: uma *crescente* ($a < a_1 < a_2 < ... < a_n$) e a outra *decrescente* ($b > b_1 > b_2 > ... > b_n$). Deste modo, constrói-se uma sequência ($[a_n,b_n]$) de segmentos encaixados: $[a,b] \supset [a_1,b_1] \supset ... \supset [a_n,b_n]$. O exame dos únicos três casos possíveis mostra que existe um real α de $[a,b]$ não pertencente a L. Essa contradição comprova que a hipótese da existência de uma bijeção entre **R** e **N** é falsa.[22]

1.2.3. As circunstâncias da publicação

Apesar de se dar conta, nesse momento, da importância de sua descoberta, Cantor hesita em publicar sua dissertação, cujo título menciona apenas a propriedade relativa aos números algébricos. Que razões teriam inspirado sua atitude? Provavelmente, ele pretendia evitar o choque com Kronecker e seguir os conselhos de Weierstrass, a quem havia comunicado suas demonstrações ao passar por Berlim, pouco antes do Natal de 1873. O professor, "inicialmente espantado", reconheceu seu valor e o aconselhou a publicar essa "questão", "na medida em que ela diz respeito aos números algébricos", com a condição de suprimir "a observação sobre a diferença de natureza dos conjuntos".

Cantor explicou a Dedekind por que tinha se limitado ao caso dos números algébricos reais: por um lado, por causa das "condições reinantes" em Berlim, de acordo com suas próprias palavras. Mesmo que seja feita menção unicamente a Weierstrass, é provável que as posições de Kronecker, no que diz respeito ao tratamento do infinito e do fundamento da análise, tivessem sido determinantes, sem que tenha ocorrido forçosamente sua intervenção direta. Provavelmente, esta foi a razão da retirada da

22. Esses três casos são os seguintes: a sequência de intervalos é finita e $a_n < b_n$, ou é infinita e $a_n = b_n$. Neste último caso, Cantor utilizou implicitamente um axioma de continuidade, forjado por Dedekind.

expressão "segundo o princípio de continuidade", mencionada por Dedekind em uma de suas cartas. Por outro lado, Cantor indicava que, apesar de conhecer a possibilidade de múltiplas extensões desse resultado, parecia-lhe oportuno limitar-se a um caso particular.

Portanto, é difícil saber o que se deve a uma autocensura do próprio Cantor, a uma verdadeira desconfiança por parte de Weierstrass e aos conselhos suscetíveis de fazer aceitar, junto aos poderosos matemáticos da época, resultados tão "assustadores". Ocorre que Cantor adotou, conscientemente, uma atitude de retraimento, ao passo que ele estava ciente do alcance de seu trabalho; um novo campo de pesquisas havia sido aberto e, apesar da multiplicação dos ataques oriundos de todos os lados, ele estava disposto a explorá-lo. No entanto, previamente, analisemos outra demonstração de não enumerabilidade de **R**, exposta por ele, uns vinte anos mais tarde.

1.3. O método da diagonal

Em 1891, Cantor propôs uma demonstração bastante geral, muito mais simples e baseada em um princípio completamente diferente.[23] No caso particular abordado aqui, trata-se de mostrar que o intervalo I = [0,1] de **R** contém uma infinidade não enumerável de elementos. Ainda neste ponto, a demonstração se faz por absurdo, mas a partir do desenvolvimento decimal de cada real. Seja x um real compreendido entre 0 e 1, pode ser escrito:

23. *Sobre uma questão elementar da teoria das multiplicidades*. "O método diagonal" de Cantor desempenhou um papel capital no século XX; ele pode ser encontrado, em particular, na demonstração do teorema de Gödel, cf. François Rivenc e Philippe de Rouilhan (eds.), *Logique et fondements des mathématiques. Anthologie (1850-1914)*, Paris, Payot, 1992 (daqui em diante, *Rivenc, Rouilhan 1992*), pp. 198-199. Kurt Gödel (1906-1978), cientista de origem austro-húngara que emigrou para os Estados Unidos, foi um dos maiores lógicos do século XX.

$0,x_{(1)}x_{(2)}x_{(3)}...x_{(n)}...$ (por exemplo, $1/3 = 0,333...3...$). Admitiremos que $0,5 = 0,4999...$ ou $1 = 0,999...$ (e o mesmo em relação a todos os números desse gênero).

Se partimos do pressuposto de que I é enumerável, temos $I = (a_1,a_2,...,a_n,...)$, em que cada a_n pode ser escrito da seguinte maneira: $a_n = 0,a_{(1)n}a_{(2)n}a_{(3)n}...a_{(n)n}...$ O real b de [0,1], definido por $b_{(m)} = 0$ se $a_{(m)m} \neq 0$, $b_{(m)} = 1$ se $a_{(m)m} = 0$, pertence necessariamente a I. Os $a_{(m)m}$ em questão encontram-se sobre a diagonal do quadro abaixo:

$$a_1 = 0,\ \boldsymbol{a}_{(1)1}\ a_{(2)1}\ a_{(3)1}\ ...\ a_{(n)1}\ ...$$
$$a_2 = 0,\ a_{(1)2}\ \boldsymbol{a}_{(2)2}\ a_{(3)2}\ ...\ a_{(n)2}\ ...$$
....
$$a_m = 0,\ a_{(1)m}\ a_{(2)m}\ a_{(3)m}\ ...\ \boldsymbol{a}_{(m)m}\ ...$$
....

Mas, já que b está em I, haverá necessariamente um índice n para o qual teremos $b = a_n$, portanto, $b_{(n)} = a_{(n)n}$. Ora, se $a_{(n)n} = 0$, $b_{(n)} = 1$, o que contradiz $b_{(n)} = a_{(n)n}$; se $a_{(n)n} \neq 0$, $b_{(n)} = 0$, o que contradiz, também, $b_{(n)} = a_{(n)n}$. b é portanto, elemento de I e, ao mesmo tempo, não elemento de I. Essa contradição invalida a hipótese de enumerabilidade de I; portanto, o intervalo [0,1] de **R** é um conjunto *não* enumerável.

2. *Conjuntos de dimensão n*[24]

2.1. *Superfícies e curvas, planos e retas*

2.1.1. A "força prodigiosa" do contínuo

Imediatamente depois de ter terminado a redação da dissertação de 1874, Cantor questionou Dedekind sobre um novo problema:

24. A noção de espaço, ou de variedade, de dimensão *n* generaliza as noções de curva, superfície e volume. Cf. Glossário.

> Será que uma superfície (por exemplo, um quadrado, incluindo seus limites) pode ser posta [em bijeção] com uma curva (por exemplo, um segmento de reta, incluindo suas extremidades)?[25]

Cantor acrescentou que ele pressente a extrema dificuldade de uma resposta para essa questão, mesmo que tudo leve a acreditar que ela é negativa.

Dedekind não respondeu, certamente, a essa carta porque Cantor voltou a formular a mesma questão alguns meses depois, propondo inclusive um encontro durante o verão; ele acrescentava que "em Berlim, seu amigo declarou[-lhe] que a coisa era, por assim dizer, absurda por ser evidente que duas variáveis independentes não podem ser reduzidas a uma só"[26]. Ou, dito por outras palavras, uma superfície não pode ser transformada em uma linha. Também não há qualquer vestígio de resposta de Dedekind para essa segunda carta.

A viagem a Brunswick foi cancelada e, segundo parece, Cantor abandonou momentaneamente a questão em decorrência de sua dificuldade ou em razão de seu casamento. Foi somente em 1877 que ele voltou a enfrentá-la; mas dessa vez ele pensava poder dar uma resposta afirmativa à questão e pergunta a Dedekind se sua demonstração da existência de uma bijeção entre **R** e $\mathbf{R}^2$, ou seja, o conjunto dos pares de reais, "é aritmeticamente rigorosa".[27]

---

25. Carta enviada a Dedekind em 5 de janeiro de 1874 (*Cavaillès 1962*, p. 196).
26. Carta enviada a Dedekind em 18 de maio de 1874 (*Cavaillès 1962*, p. 197). Ignora-se quem é o amigo mencionado. Por sua vez, o final da citação significa que, para definir uma superfície, convém adotar duas coordenadas (x,y) de um ponto em uma referência, enquanto um segmento [a,b] é inteiramente determinado por $a \leq x \leq b$.
27. Carta enviada a Dedekind em 20 de junho de 1877 (*Cavaillès 1962*, p. 200).

Seria demasiado complicado apresentar aqui a demonstração – ou melhor, as demonstrações – de Cantor[28]; é necessário mostrar a possibilidade de colocar em bijeção as *variedades contínuas* de dimensão *n*, em particular, as superfícies e os volumes (dimensões 2 e 3), assim como as curvas contínuas (dimensão 1). Não se trata mais de estabelecer a distinção entre enumerável e contínuo, mas de pôr em evidência o fato de que os contínuos de dimensões diferentes têm a mesma "potência", termo que Cantor utilizava pela primeira vez. Assim, existiria uma bijeção entre uma superfície e uma linha, como se cada ponto da superfície do mar correspondesse a um ponto da linha do horizonte, contrariamente ao que seria admitido pela intuição. Como este raciocínio podia servir-se da geometria analítica, bastava mostrar a existência de uma bijeção entre [0,1] x [0,1] e [0,1].[29]

Dedekind informou imediatamente Cantor que sua demonstração comportava um erro que incidia sobre a representação decimal de um irracional; no entanto, essa objeção, justificada, "diz respeito unicamente à demonstração e não à coisa em si mesma", respondeu Cantor. Dois dias depois, ele propôs outra demonstração em uma carta, cuja conclusão é, a um só tempo, exaltada e imprudente

28. Houve várias demonstrações já que Cantor se serviu das indicações de Dedekind. Para a correspondência entre os dois matemáticos sobre o assunto, cf. *Cavaillès 1962*, pp. 200-220 (todas as citações subsequentes são extraídas desse livro). Para uma demonstração resumida e simplificada, cf. *Dugac 1976*, pp. 119-120; *Dauben 1979*, p. 55; e *Charraud 1994*, pp. 251-252.

29. Na geometria analítica plana, adota-se uma referência constituída por dois eixos (o das abscissas e o das ordenadas). Qualquer ponto do plano é determinado por um par (x,y) de reais (cf., *supra*, nota 26). Além disso, sabe-se que **R** está em bijeção com o intervalo [0,1] dos reais compreendidos entre 0 e 1 incluídos. [0,1] x [0,1] é o conjunto dos pares de reais (x,y), tais que $0 \leq x \leq 1$ e $0 \leq y \leq 1$. Portanto, trata-se efetivamente de exibir uma bijeção entre um quadrado (de lado 1) e um segmento (de comprimento 1).

por questionar a noção fundamental de dimensão de um espaço: ao falar da "força prodigiosa dos números reais", ele afirma que uma só coordenada basta para determinar os elementos de uma variedade de dimensão *n*.

2.1.2. Destruição da noção de dimensão

Aqui estava em questão o fato de que a dimensão de um espaço é seu *invariante* característico; até então, admitia-se que, para determinar a posição de um ponto em um espaço de dimensão *n*, era necessário e suficiente fornecer as *n* coordenadas que lhe correspondessem em um referencial com *n* eixos de coordenadas. O resultado obtido por Cantor (qualquer espaço de dimensão *n* pode ser transformado em um "espaço" de dimensão 1) significaria que essa hipótese requer uma demonstração; assim, deixaria de ser possível afirmar, sem comprovação, que uma curva, superfície, volume, etc., são respectivamente de dimensões 1, 2, 3, etc.

A comunidade dos matemáticos, questionada por Cantor durante uma reunião em Göttingen, em 1877, mostrou-se inicialmente surpreendida[30]; a própria intuição, como era reconhecido por ele próprio, vai ao encontro do resultado. Cantor ficou tão perturbado com sua descoberta que não esperou uma eventual resposta de Dedekind para enviar-lhe uma terceira demonstração de seu teorema; ele incitou o amigo a avaliar, o mais rapidamente possível, sua exatidão. Caso contrário, ele não poderá, de acordo com as próprias palavras, "alcançar certa tranquilidade de espírito", acrescentando:

30. Dedekind não participou dessa reunião, que celebrava o centenário do nascimento de Gauss.

> Enquanto eu não obtiver sua aprovação, só posso afirmar: *Je le vois, mais je ne le crois pas*[31].

A resposta de Dedekind apresentava uma dupla vertente: por um lado, ele estava de acordo que a "constância do número de dimensões exige uma demonstração"; por outro, ele persistia em acreditar em tal constância porque Cantor exibe uma bijeção, *por toda parte, descontínua* entre variedades de dimensões diferentes. "Descontinuidade que dá vertigem", afirmava Dedekind, para quem era impossível estabelecer uma correspondência *bicontínua*, ou seja, tal que a aplicação e sua recíproca fossem ambas contínuas. A *continuidade* desempenha, portanto, um papel decisivo na determinação da dimensão de um espaço; e na conclusão, Dedekind aconselhava Cantor a evitar polêmicas antes de ter analisado com cuidado as objeções. Apesar de reconhecer, em princípio, a pertinência dessa resposta, Cantor estava, sobretudo, impaciente para publicar suas pesquisas.

2.2. *Uma contribuição para a teoria dos conjuntos*

Esse era o título da dissertação publicada por Cantor em 1878. A introdução constitui o esboço de uma teoria dos conjuntos e dos números transfinitos.

1. Dois conjuntos terão a mesma potência, ou serão equivalentes, se puderem ser postos em bijeção.

2. Um conjunto M' será um subconjunto de M se todos os seus elementos forem também elementos de M.

3. Definição de uma relação de ordem sobre as potências: se M e N forem dois conjuntos de potências diferentes, a potência de M será menor que a de N se M for equivalente a um subconjunto de N.

---

31. Em francês no original: "Não creio no que estou vendo". [N.T.]

4. Distinção conjunto finito/conjunto infinito pela seguinte razão: o que é verdadeiro no primeiro caso – qualquer subconjunto de um conjunto finito tem uma potência menor que a do próprio conjunto – é falso no segundo.

Cantor demonstrava, em seguida, o teorema analisado precedentemente. Aceitava em parte o conselho de Dedekind já que defendia o seguinte: o que se considera como o "caráter essencial" dos conjuntos de dimensão *n*, a saber, que seus elementos são determinados por *n* coordenadas, "torna-se absolutamente caduco"[32]. Ele prosseguia pela divisão dos conjuntos infinitos de números em duas classes: a primeira, "extraordinariamente fecunda e extensa"[33], era a dos conjuntos enumeráveis (em bijeção com **N**); a segunda, a dos conjuntos contínuos (em bijeção com [0,1]). E, na conclusão, ele formulava pela primeira vez a *hipótese do contínuo*[34], cuja demonstração era adiada.

No entanto, efetivamente, tratava-se apenas de um esboço da teoria por vir:

1. Os conjuntos considerados ainda são constituídos apenas por pontos ou números e a potência de um conjunto não é um número no sentido pleno do termo (tal atribuição, segundo Cantor, verifica-se apenas no caso finito).

2. As operações e relações sobre os conjuntos (reunião, inclusão, pertinência, equipotência) continuam sendo limitadas e definidas de forma confusa.[35]

32. *G.A.*, p. 121.

33. *G.A.*, p. 120.

34. Aqui, temos uma formulação bastante consistente da hipótese do contínuo: qualquer conjunto infinito é enumerável ou contínuo. Considerando que a potência do contínuo é superior à do enumerável, a primeira é necessariamente o sucessor imediato da segunda (cf. cap. I, nota 45).

35. A reunião de dois conjuntos é o conjunto que contém os elementos de um ou do outro. Um conjunto está incluído em outro se todos os seus elementos pertencem também ao segundo. Dois conjuntos serão equi-

Tal constatação nada retirava à importância da dissertação:

1. Até mesmo com muita dificuldade, a noção de potência é identificada e a de bijeção manifesta, uma outra vez, sua fecundidade.

2. A distinção entre classes de conjunto é claramente formulada e a hipótese do contínuo exposta pela primeira vez.

3. Agora que se supõe a destruição da noção de dimensão dos conjuntos de pontos, é preciso fornecer-lhes outra propriedade característica. Daí, a dupla orientação dos estudos vindouros: análise *topológica* dos conjuntos de pontos[36] e tentativa de *enumerização* do infinito.

Entretanto, Cantor encontrou dificuldades para publicar sua dissertação. Aparentemente, sua impaciência era legítima: o diretor do *Journal de Crelle* prometeu aceitá-la e Weierstrass empenhou-se em promover tal publicação; apesar disso, nada era feito para levá-la ao prelo. Ao suspeitar da intervenção de Kronecker, Cantor projetou inclusive exigir a devolução de seu texto para publicá-lo sob a forma de plaqueta no editor de Dedekind, que, baseando-se na própria experiência, convenceu o amigo a esperar. É provável que Kronecker tenha chegado efetivamente a intervir, mas não somente em razão do caráter paradoxal do resultado apresentado; de seu ponto de vista, objeções puramente matemáticas são justificadas. Para demonstrar seu teorema, Cantor utilizou uma aplicação entre o conjunto dos irracionais de [0,1] e [0,1] de qualquer inteiro: para Kronecker (que é estritamente *finitista*), tal postura equivalia a manipular conceitos esvaziados de sentido. Todavia, o artigo foi publicado, tendo desencadeado o

potentes (termo moderno para "equivalentes") se estiverem em bijeção. Cf. Glossário.

36. Vale lembrar que a topologia consiste no estudo das propriedades locais de um espaço qualquer (cf. cap. I, nota 8, e Glossário).

primeiro conflito grave vivenciado por Cantor, que deixou de enviar seus textos para o *Journal de Crelle*.

2.3. *Invariância da dimensão*

O resultado demonstrado por Cantor em 1878 deixava supor a impossibilidade da existência de bijeção *bicontínua* entre duas variedades de dimensões *distintas*. Imediatamente, alguns matemáticos se propõem a demonstrá-lo: preocupado em afirmar sua prioridade, Cantor submeteu a Dedekind sua própria demonstração, apresentando-a como um prolongamento natural de suas pesquisas. Envolvido na época com outros trabalhos, o amigo limitou-se a enviar uma resposta breve, assinalando dois pontos fracos na demonstração, mas, sobretudo, sugeria a Cantor que elaborasse uma verdadeira teoria topológica dos conjuntos, cujos conceitos seriam definidos com precisão, "sem fazer apelo à intuição"[37].

Cantor publicou sua demonstração em 1879: *Sobre um teorema relativo à teoria dos conjuntos contínuos*. A sugestão de Dedekind foi levada em consideração apenas em parte: os elementos utilizados encontravam-se dispersos à medida de sua aplicação sem que a demonstração tivesse sido precedida por uma exposição geral de topologia. O artigo e a argumentação, comprovando a invariância da noção de dimensão, foram bem acolhidos. A prova, porém, era errônea; mas o erro só foi percebido em 1898.[38] Eis um mal que veio para o bem: com efeito, Cantor pôde dedicar-se, com alguma tranquilidade, ao estudo dos conjuntos infinitos de pontos, estudo que o conduzirá ao essencial de sua criação.

37. Carta enviada a Cantor em 19 de janeiro de 1879 (*Cavaillès 1962*, p. 225).

38. A demonstração correta será fornecida apenas em 1911.

Efetivamente, ele conseguiu identificar os primeiros conceitos essenciais da teoria dos conjuntos: potência, infinito enumerável e infinito contínuo, assim como operações sobre os conjuntos. Além de serem válidas para os conjuntos de números, todas essas noções têm validade para os conjuntos de pontos. De modo que Cantor encontrava-se, nesse momento, na encruzilhada da aritmética, da análise e da geometria. Daí o conteúdo dos trabalhos vindouros: estudo dos conjuntos de pontos e quantificação do infinito.

IV

Topologia da reta

De 1879 a 1884, Cantor publicou uma série de artigos com o seguinte título: *Sobre os conjuntos infinitos e lineares de pontos*. Portanto, em vez de estudar a reta como se estivesse em bijeção com R, ele a considerava como contínuo constituído por pontos; aliás, nesses textos, ele prolongava os resultados obtidos na sua dissertação de 1872 (cf. cap. II) e propunha uma nova maneira de caracterizar o contínuo. Apesar de ter sido, até certo ponto, um fracasso, essa nova abordagem vai ser analisada aqui. Deixamos para o próximo capítulo, o estudo dos elementos relativos, propriamente falando, aos conjuntos desses trabalhos: com efeito, eles superam o âmbito restrito que aparentemente é indicado por seu título.

1. Primeiros elementos de topologia

1.1. A "ciência dos lugares"

Tal é a origem etimológica dessa ciência, cujos primórdios remontam a 1735, quando Euler[1] abordou uma simples curiosidade matemática, a saber: o problema das pontes de

---

1. Leonhard Euler (1707-1783), nascido em Basileia (Suíça) , provavelmente o maior matemático de seu tempo, abordou todos os domínios da matemática. Sua obra distingue-se por sua extrema clareza e pela utilização de notações que ainda se mantêm atuais.

Königsberg. Esta cidade (atualmente, Kaliningrad) é atravessada por um rio em que existem duas ilhas ligadas por uma ponte; entretanto, uma das ilhas está ligada a cada margem por uma ponte e a outra por duas pontes. Ao atravessarem a cidade, os próprios habitantes tentavam encontrar um caminho que os levasse a passar apenas uma vez pelas sete pontes. Euler provou que isso era impossível e deu a resposta geral a todas as questões desse tipo.

Mas, enquanto verdadeira disciplina matemática, a *topologia* surgiu no século XIX. Seus conceitos provêm da geometria e da análise: na sua vertente "geometria", ela ocupa-se das propriedades das figuras que permanecem *invariantes* por transformação, a um só tempo, bijetora e bicontínua.[2] Neste sentido, Cantor estava elaborando a topologia quando estudava a possibilidade de colocar em bijeção uma superfície e uma curva, mostrando que a continuidade era a garantia da invariância da dimensão. Em relação à sua vertente "análise", a topologia dos *conjuntos de pontos*, cujo surgimento contou com a contribuição de Cantor, trata das figuras geométricas elementares (retas, superfícies, volumes, etc.), consideradas como conjuntos de pontos, com a ajuda da noção de *distância*. É possível, então, definir todos os conceitos-chave da análise (em particular, limite e continuidade) em termos "métricos"[3]; ainda aí, esta última noção encontra-se no âmago da disciplina.

---

2. Assim, o problema da "faixa de Moebius" – do nome do matemático e astrônomo alemão August Ferdinand Moebius (1790-1868), que a descobriu em 1865 – é de natureza topológica. As duas extremidades de uma faixa retangular de papel são coladas, depois de ter feito girar uma delas; apesar de ter um só lado, é possível passar de forma contínua do "interior" para o "exterior" do anel.

3. Em todo o conjunto de pontos, a noção de distância permite avaliar o que separa dois, quaisquer que eles sejam, de seus elementos, até mesmo quando são infinitamente próximos.

1.2. A dissertação de 1872

1.2.1. Reta real

A abordagem topológica dos conjuntos de pontos exige que, em primeiro lugar, os números reais sejam definidos; aliás, essa operação foi efetuada por Cantor no § 1 da dissertação. No § 2, ele aplicou à *reta real*, considerada como um conjunto de pontos, os resultados assim estabelecidos, introduzindo as primeiras noções topológicas relativas a tal reta. Para isso, foi necessário adotar uma origem O e uma unidade de medida: qualquer ponto da reta é, então, determinado por uma *abscissa*, ou distância relativamente a O, positiva ou negativa, dependendo do posicionamento do ponto à direita ou à esquerda de O. Essa abscissa podia ser racional, portanto, expressa por uma grandeza numérica do domínio A (ou seja, **Q**); ou não, portanto, expressa por uma grandeza numérica do domínio B, C ou D, etc. (o conjunto dos irracionais). Daí, o vínculo com a teoria dos reais – vínculo estabelecido claramente por um axioma segundo o qual a correspondência definida, assim, entre a reta e **R**, é uma bijeção:

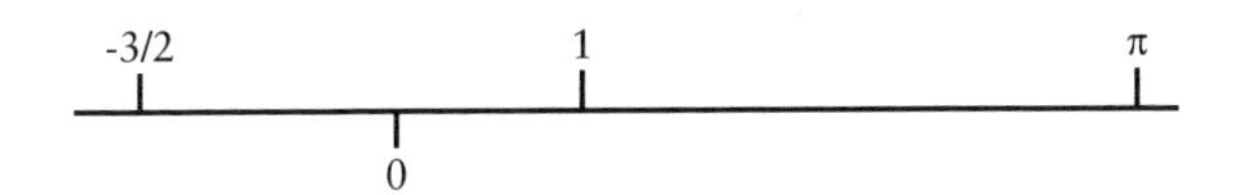

Tratava-se efetivamente de um *axioma* porque é impossível demonstrá-lo, afirmava Cantor com toda a razão; por conseguinte, ele defendia que tudo o que é válido para os conjuntos de pontos, portanto, para os subconjuntos da reta, é válido também para os conjuntos de grandezas numéricas, portanto, para os subconjuntos de **R**. Portanto, Cantor foi um dos fundadores não só da topologia, enquanto estudo dos conjuntos de pontos, mas também do estudo de **R** enquanto espaço topológico.

1.2.2. Noção de conjunto derivado

A primeira noção topológica forjada por Cantor foi a de *ponto limite* de um conjunto de pontos P de uma reta: trata-se de "um ponto da reta tal que, na sua vizinhança, há um número *infinito* de pontos de P"[4]. Por outras palavras, é um ponto em torno do qual "se acumulam" pontos de P (eis por que se diz atualmente "ponto de acúmulo"). Depois de ter indicado que qualquer conjunto de pontos em número infinito possui, no mínimo, um ponto limite, Cantor designou o conjunto de seus pontos limites como *primeiro derivado* P' de um conjunto de pontos P. Quando P é constituído por um número finito de pontos, seu derivado é o conjunto vazio, ou seja, ele não contém qualquer ponto. À semelhança da operação "limite de uma sequência de Cauchy", o procedimento pode ser iterado *n* vezes e dá origem aos derivados sucessivos P', P",..., $P^{(n)}$, ..., de P; quando $P^{(n)}$ é composto por um número finito de pontos, a operação de derivação cessa de fato e o conjunto é do *primeiro gênero* e de n^e espécie.

À guisa de ilustração da teoria de Cantor, eis os três exemplos propostos por ele, que, aliás, mostram o vínculo com a exposição do § 1:

1. Seja P o conjunto dos pontos de abscissas racionais compreendidas entre 0 e 1 excluídos, ou seja, o intervalo]0,1[de **Q** em **R**. P' será o conjunto dos pontos da reta, cuja abscissa é compreendida entre 0 e 1 incluídos, ou seja, o intervalo [0,1] de **R**. Os derivados sucessivos serão todos iguais a P' e P não será do primeiro gênero.

4. *G.A.*, p. 98. De forma sumária, a vizinhança de um ponto é uma parte de P que contém um intervalo aberto ao qual esse ponto pertence (cf. Glossário). Essa é a noção básica da topologia. Por exemplo,]0,1[é uma vizinhança de 1/2 em **R**.

2. Seja P o conjunto dos pontos de abscissas 1, 1/2, 1/3,..., 1/n,... ; P' será reduzido ao ponto O ($\lim_{n\to\infty} \frac{1}{n} = 0$), enquanto P será do primeiro gênero e da primeira espécie.

3. Seja P um ponto dado por uma grandeza numérica de ordem *n*. O estudo dos derivados sucessivos do conjunto de pontos correspondente à sequência ligada a essa grandeza mostra que, neste caso, se tem um conjunto do primeiro gênero e de n^e espécie. Este exemplo é, particularmente, explícito do vínculo indicado.

Valendo-se de todos esses resultados, Cantor pôde demonstrar seu teorema sobre o desenvolvimento de uma função em série trigonométrica: se f(x) = 0 em]0,2π[, salvo nos pontos de um conjunto de pontos P de n^e espécie – os pontos "excepcionais" em número infinito –, todos os coeficientes a_n e b_n são iguais a zero.[5]

1.2.3. Resumindo

A exemplo da exposição da teoria dos reais, o conteúdo do § 2 anunciava alguns temas pelos quais Cantor manifestava o maior apreço:

1. A importância da noção de ordem que, de novo, é posta em evidência pelo estudo dos derivados sucessivos de um conjunto de pontos.

2. A noção de conjunto infinito, manipulada por Cantor sem qualquer reserva, mesmo que ainda se trate apenas de conjuntos de pontos, e não de conjuntos abstratos.

3. O exame aprofundado do contínuo e a antecipação dos números transfinitos.

Acerca deste último ponto, é verdade que Cantor limitava-se, conscientemente, a índices finitos de derivação, mas vislumbrava já a possibilidade de iterar o procedimento para

5. Cf. cap. II, 3.2. e 4.1.

além do finito.[6] De modo que se pode considerar a dissertação de 1872 como "o registro de nascimento da teoria cantoriana dos conjuntos".[7] Em uma dissertação de 1880, a propósito da sequência infinita dos índices de derivação, Cantor remetia à exposição de 1872 e escreveu em uma nota:

> Há dez anos, encontrei tal sequência e aproveito a ocasião de minha exposição sobre o conceito de número para fazer alusão a essa descoberta.[8]

2. *Sobre os conjuntos infinitos e lineares de pontos*

Esse é o título da série de seis artigos publicados por Cantor de 1879 a 1884. Essa série revela suas dificuldades em afastar-se do caráter concreto dos conjuntos contínuos, aliás, os únicos que haviam sido estudados, até então, por ele: **R** e seus subconjuntos, a reta e os conjuntos de pontos de qualquer dimensão. Entretanto, tornava-se possível deduzir daí o que, até então, permanecia latente: a noção *abstrata* de conjunto e o infinito como *número*. O caráter essencialmente técnico desses artigos impede que aprofundemos esse tema; limitar-nos-emos a evidenciar o avanço de Cantor no manuseamento de conceitos que vão levá-lo a forjar a teoria dos conjuntos e dos números transfinitos.

6. Cantor precisou apenas do caso finito para demonstrar o teorema mencionado mais acima.
7. *G.A.*, p. 102, nota de Zermelo.
8. Esta nota não foi mantida nos *G.A.*; ela remeteria para a citação mencionada no cap. II, nota 50. Muito mais tarde, em 1905, Cantor acrescentará esta observação (P. E. B. Jourdain, "The Development of the Theory of Transfinite Numbers", in *Archiv der Mathematik und Physik* 16, 1910, p. 27, nota 3): "No que diz respeito aos números ordinais transfinitos, é provável que eu já tivesse tido essa ideia em 1871; por sua vez, o conceito de enumerabilidade formou-se em mim apenas em 1873".

2.1. Derivação e potência

A primeira dissertação, publicada em janeiro de 1879, tinha o objetivo de classificar os conjuntos de pontos ou de números segundo dois pontos de vista: o primeiro é o ponto de vista topológico da derivação. Se P é um conjunto de pontos, dois casos são possíveis: ou o n^{e} derivado de P contém um número finito de pontos e P é do *primeiro gênero* e de n^{e} espécie, como em 1872; ou a sequência dos derivados sucessivos é interminável e P é do *segundo gênero*.

Em seguida, Cantor definiu a noção de conjunto *denso*: um conjunto de pontos P contido em um intervalo [a,b] será denso se qualquer intervalo [c,d] de [a,b] possuir pelo menos um ponto comum com P. Por exemplo: Q é denso em **R**. O interesse desse novo conceito refere-se à sua conexão com o conceito de conjunto derivado: um conjunto será denso em [a,b] se seu primeiro derivado contiver [a,b] em si mesmo; os conjuntos densos são sempre do segundo grau, sem que o mesmo ocorra com os do primeiro gênero. Cantor adiou a questão de saber se todos os conjuntos do segundo gênero são densos.

O outro modo de classificação, "não menos importante que o primeiro"[9], estava baseado na noção de potência. A exemplo do que se passava na dissertação de 1878, Cantor distinguia duas classes de conjuntos, de modo que qualquer conjunto de pontos era "um representante da classe à qual ele pertence"[10]: a primeira contém todos os conjuntos de pontos enumeráveis[11] (**N** é um de seus representantes); enquanto a segunda incluía todos aqueles capazes de serem

9. *G.A.*, p. 141.

10. *G.A.*, p. 142 (mantém sua repugnância relativamente à noção de classe de equivalência).

11. O termo – tradução da expressão "que se pode contar até o infinito" – foi forjado por Cantor.

colocados em bijeção com um intervalo contínuo ([0,1] é um de seus representantes).

Graças a exemplos já conhecidos de conjuntos pertencentes a uma dessas classes, Cantor mostrava que os dois modos de classificação *não se sobrepõem*: qualquer conjunto do primeiro gênero é enumerável; e o mesmo ocorre com alguns conjuntos do segundo gênero, tal como o dos pontos da reta de abscissa racional. Portanto, nessa dissertação, o único aspecto especialmente novo é a perspectivação de duas maneiras de classificar os conjuntos de pontos. Ao restringir-se a alguns tipos de conjuntos (de números ou de pontos), Cantor evitava a generalização de seus resultados a conjuntos quaisquer. E mesmo que tivesse previsto mostrar que o conceito de derivação "serve de fundamento para a explicação mais simples e mais completa da determinação de um contínuo"[12], ele enfatizava também a noção de potência. Tratava-se de uma confissão de sua indecisão diante do que deveria permitir a caracterização do contínuo.

2.2. Aparição dos símbolos transfinitos

A segunda dissertação, publicada em maio de 1880, limitava-se à operação de derivação que permitia passar de um conjunto para seu derivado.[13] No preâmbulo, Cantor introduziu certo número de notações para noções relativas aos conjuntos que se tornaram clássicas: identidade e equivalência de dois conjuntos, conjuntos disjuntos, reunião e interseção de um número finito ou infinito de conjuntos, inclusão de um conjunto em outro, criação – por pura comodidade – de um símbolo ("O")

12. *G.A.*, p. 140.

13. Ver os três exemplos indicados no 1.2.2.

para o conjunto vazio "que, rigorosamente falando, não é um verdadeiro conjunto", afirmava Cantor.[14]

A noção de conjunto derivado permite caracterizar completamente os conjuntos de pontos do primeiro gênero ($P^{(n+1)} = \emptyset$ para um conjunto de n^e espécie). No entanto, "para os conjuntos de pontos do segundo gênero, essa noção torna-se insuficiente e *é preciso conferir-lhe uma extensão que se impõe por si mesma quando se aprofunda a questão*", acrescentava Cantor.[15] E, pela primeira vez, ele tomava em consideração a sequência *infinita* dos derivados de um conjunto do segundo gênero, para o qual nunca se tem $P^{(n)} = \emptyset$. Ele designava por $P^{(\infty)}$ a interseção dos derivados sucessivos $P^{(1)}, P^{(2)}, \ldots, P^{(n)}, \ldots$ Se o próprio $P^{(\infty)}$ é derivável, pode-se considerar $P^{(\infty+1)}$ e assim por diante. Portanto, pode-se operar com esses símbolos de derivação como se opera com os inteiros – adição, multiplicação, exponenciação (elevação a uma potência) – e falar, por exemplo, do derivado de ordem $n_0\infty^m + n_1\infty^{m-1} + \ldots + n_m$ e até mesmo da sequência $P^{(\infty^\infty)}, P^{(n^{\infty\infty})}, P^{(n^{\infty\infty+1})}, \ldots$

A propósito da sequência infinita dos derivados sucessivos, Cantor falava de "uma produção dialética de conceitos que avança cada vez mais longe e, no entanto, permanece necessária, coerente e livre de qualquer arbitrariedade"[16]. A dissertação de 1883 revelará melhor a importância dessa observação para a matemática cantoriana em geral. Neste aspecto, ela limitava-se a justificar o simbolismo utilizado por uma dupla operação: iteração do processo de derivação e interseção de uma infinidade de conjuntos derivados.

---

14. *G.A.*, p. 146. A interseção de dois conjuntos contém os elementos pertencentes a um *e* ao outro. Quando os dois conjuntos são disjuntos, ou seja, sem qualquer elemento comum, tal interseção é o conjunto vazio, atualmente, descrito por Ø. Cf. Glossário.

15. *Ibid.* Nosso grifo, no final dessa citação, é proposital porque resume a maneira como Cantor vislumbrava o avanço da matemática.

16. *G.A.*, p. 148.

Com efeito, tratava-se de ordens sucessivas de derivação e não ainda de números transfinitos.

Na conclusão, Cantor exibia os conjuntos do segundo gênero não densos[17], os quais são necessariamente enumeráveis. A operação de derivação é que efetivamente se encontrava no centro da dissertação, servindo-se do símbolo "∞" e do cálculo sobre o infinito. Ela foi a única justificativa para a escrita utilizada, que, aliás, não permitia a saída do enumerável: assim, nenhum indício antecipava explicitamente a noção de número transfinito.

2.3. As noções abstratas de conjunto e de potência

Apesar de ostentar um título semelhante às outras dissertações da série, a terceira, publicada em março de 1882, tinha o seguinte objetivo: que os resultados e as noções fundamentais (derivação, densidade, potência) referentes aos conjuntos lineares, portanto, de dimensão 1, fossem generalizados aos conjuntos de pontos de qualquer dimensão. A propósito da palavra "potência" – utilizada por ele, desde 1878 –, Cantor finalmente indicou sua origem: ele tirou o termo de um compêndio de *geometria projetiva*.[18] Vamos simplificar: essa disciplina leva em consideração a existência de pontos e de retas até o infinito. Por exemplo, um feixe de retas paralelas define um ponto no infinito (a

17. Seja, por exemplo, o conjunto – enumerável – de racionais:

$$P = \left\{ \left[0,\frac{1}{4}\right] \cup \left\{\frac{1}{2}\right\} \cup \left[\frac{3}{4},1\right] \right\}$$

Ele não é denso em **R** e é do segundo gênero; seus derivados sucessivos são todos iguais ao conjunto de reais:

$$P' = \left\{ \left[0,\frac{1}{4}\right] \cup \left[\frac{3}{4},1\right] \right\}$$

18. Elaborado pelo matemático suíço Jacob Steiner (1796-1863): nesse texto, ele utilizava a expressão "para exprimir que duas figuras se relacionam uma com a outra por [projeção], de modo que qualquer elemento de uma figura corresponda a um, e somente um, elemento da outra", escrevia Cantor (*G.A.*, p. 151).

"interseção" dessas retas) – que se pense quanto a isso na perspectiva em pintura.[19] É possível projetar uma figura sobre outra a partir desse ponto, como teria sido feito para qualquer outro ponto. Neste caso, diz-se que duas figuras têm a mesma potência se essa projeção for uma bijeção. Verifica-se aí a analogia com esta diferença: Cantor generalizou sua utilização.

A sequência da dissertação é dedicada ao enunciado e à demonstração de certo número de teoremas sobre os conjuntos enumeráveis; por sua vez, a parte final é uma reflexão sobre a natureza do espaço. A hipótese de sua continuidade, que remontava a Aristóteles, baseia-se apenas em uma intuição associada à ideia de movimento. Ora, se é verdade que uma reta, da qual é retirado um ponto, se torna descontínua, isso é falso no plano ou no espaço. Cantor construiu um conjunto não contínuo da seguinte forma: de um conjunto contínuo de dimensão 3, retirou um conjunto enumerável e denso; e mostrou que, apesar disso, dois pontos quaisquer desse conjunto podem ser ligados por uma linha contínua. Nesse espaço, existem "furos" por toda parte sem que algo possa impedir o movimento. De modo que a continuidade do espaço é baseada apenas na hipótese arbitrária de que existe uma bijeção "entre o contínuo puramente aritmético de dimensão 3 e o espaço dos fenômenos"[20].

Além de ter sido a primeira incursão do autor no domínio da física, esse terceiro artigo dava um passo decisivo no sentido da constituição da teoria dos conjuntos e dos números transfinitos. Pela primeira vez, Cantor explicava o que era um conjunto, sem fazer qualquer referência à natureza de seus elementos (pontos ou números). A potência é

19. A descoberta, tanto da geometria projetiva quanto da perspectiva, ocorreu no Renascimento.

20. *G.A.*, p. 156.

seu atributo, qualquer que seja sua constituição. Mesmo que essa noção – *aritmética* – ainda não tenha o estatuto de número propriamente dito, ela tem explicitamente a prioridade em relação à noção – *topológica* – de derivação. Mesmo se a quarta dissertação, publicada em setembro de 1882, ainda se consagra a esse assunto, ela se refere unicamente aos conjuntos enumeráveis. A correspondência da época com Dedekind mostra que o aprofundamento topológico do contínuo pelo processo de derivação conduz, em grande parte, a um fracasso; daí a redação extremamente rápida da quinta dissertação, na qual Cantor afastava-se da abordagem topológica da teoria dos conjuntos para empreender a via da aritmética.

Das quatro primeiras dissertações, vamos reter os seguintes pontos:

1. O aparecimento de símbolos infinitos para os índices de derivação com a possibilidade de aplicar-lhes um verdadeiro cálculo.
2. A emergência da noção abstrata de conjunto.
3. A generalização da noção de potência e sua prioridade sobre o processo de derivação.

2.4. Definição do contínuo nos "Grundlagen"

O essencial do conteúdo da quinta dissertação, ou seja, os *Grundlagen* de 1883, diz respeito à teoria dos conjuntos e dos números transfinitos, mas, apesar disso, Cantor tenta caracterizar, nesse texto, o contínuo. Ele começa por criticar as concepções tradicionais a seu respeito: conceito não suscetível de ser decomposto, mistério que dependia de um dogma religioso, pura intuição *a priori* e noção baseada na ideia de tempo ou de espaço. Essa diversidade de opiniões manifestava a incapacidade para circunscrever corretamente tal conceito. Portanto, Cantor vai empenhar-se em fornecer-lhe uma definição "puramente aritmética"[21] com a ajuda da teoria dos conjuntos e do conceito de número real; eis algo completamente novo, sublinhava ele, porque tratava-se de estudar já não um contínuo dependente de grandezas reais ou complexas, mas o contínuo enquanto conceito.

Para isso, Cantor analisou o caso geral dos conjuntos de pontos de dimensão *n* nos quais ele introduziu a noção de *distância* entre dois pontos. Uma vez que foram evidenciadas as propriedades *métricas* de $\mathbf{R}^n$, ele aplicou-lhe as propriedades *topológicas* de **R** (os dois conjuntos possuem a mesma potência) com o firme objetivo de "aritmetizar a geometria"[22]. Assim, Cantor adotou um ponto de vista *pragmático*: ao analisar os conjuntos considerados como contínuos, ele tentou deduzir suas propriedades comuns e suas características. Ele já havia procedido à comparação entre **Q** e **R** do ponto de vista da potência, tendo mostrado que a densidade era insuficiente para caracterizar o contínuo.

Neste caso, ele forneceu o enunciado das duas propriedades que constituem as condições necessárias e suficientes para que um conjunto seja contínuo:

1. A primeira é *topológica* e decorre da *derivação*. Um conjunto será chamado "perfeito" se for idêntico a seu primeiro derivado, portanto, a todos os seus derivados sucessivos. Qualquer conjunto contínuo é perfeito, mas a recíproca é falsa, como demonstrou Cantor por meio de um exemplo, demasiado complicado para ser exposto aqui.

21. *G.A.*, p. 192.

22. *Ibid.* R^n é o conjunto dos elementos da forma $(x_1, x_2,..., x_n)$ em que os x_i são números reais. Se A e B são dois pontos de um espaço de dimensão *n*, com coordenadas respectivas $(x_1, x_2,..., x_n)$ e $(x'_1, x'_2,..., x'_n)$, a distância AB é igual a:

$$\sqrt{(x_1 - x_1)^2+(x_2 - x_2)^2+...+(x_n - x_n)^2}$$

No caso de $\mathbf{R}^2$, encontra-se a fórmula $AB = \sqrt{(x_B - x_A)^2+(y_B - x_A)^2}$; por sua vez, no caso de **R**, tem-se simplesmente $AB = |x'_1 - x_1|$. Cf. Glossário.

2. A segunda é *métrica* e decorre da noção de *distância*. Um conjunto é chamado "de uma só peça", isto é, conexo se, entre dois de seus pontos *a* e *a'*, existe sempre um número finito de pontos $a_1, a_2, \ldots, a_n$ tais que todas as distâncias $aa_1, a_1a_2, \ldots a_na'$ sejam tão pequenas quanto se queira.

Portanto, um conjunto será contínuo se, e somente se, *a um só tempo*, for perfeito e constituído "de uma só peça". É muito difícil fazer com que nossa intuição do contínuo corresponda às definições fornecidas por Cantor. Provavelmente, ele próprio não estivesse satisfeito com seu texto: ainda era necessário mostrar que a segunda classe de números – aquela que, segundo ele, tinha a potência do contínuo – era a única a possuir as duas propriedades indicadas mais acima. Uma breve observação exprimia esse mal-estar:

> De acordo com a *minha maneira* de conceber as coisas, entende-se por contínuo somente um conjunto perfeito e de uma só peça.[23]

Mal-estar justificado já que, em vez de *uma*, existem várias definições da continuidade de um conjunto: a de Dedekind não é, por exemplo, equivalente à de Cantor. Posteriormente, outras definições foram fornecidas, em particular, para **R**, o que confirma a complexidade do problema.

2.5. A sequência dos "Grundlagen"

A sexta dissertação sobre os conjuntos de pontos, publicada em 1884, apresentava-se expressamente como a sequência da precedente. Nesse texto, Cantor remetia sistematicamente aos outros artigos da série e, em particular,

23. *G.A.*, p. 208, nota 12 (grifo nosso para a expressão "minha maneira").

ao quinto. A dissertação é quase exclusivamente matemática; além disso, ela reserva uma posição preponderante à topologia. O programa era anunciado, acidentalmente, logo no início dos *Grundlagen*: para desenvolver a teoria dos conjuntos de pontos, já não é possível contentar-se em estudar seu n^e derivado, mas deve-se "levar em consideração conjuntos derivados, cujas ordens são caracterizadas por números transfinitos de segunda, terceira, etc. classes de números"[24]. O objetivo continua sendo a investigação do contínuo: ao apoiar-se na noção de conjunto perfeito, Cantor esperava fornecer uma resposta positiva à hipótese do contínuo.

Para isso, ele enunciava e demonstrava uma série de teoremas sobre os conjuntos enumeráveis e perfeitos. Em particular: todos os conjuntos perfeitos têm a mesma potência, diferente da potência do enumerável. Será, então, possível mostrar que essa potência é a da segunda classe de números? Cantor chegou a um resultado prenhe de promessas: se um conjunto de pontos é *fechado*, ou seja, contém seu primeiro derivado, e é de potência superior à primeira, ele tem a potência do contínuo. Cantor predisse que esse resultado, completado por alguns teoremas dos *Grundlagen*, irá conduzi-lo à demonstração tão cobiçada. E concluía sua exposição por esta observação otimista: "Continua no futuro".[25] No entanto, essa continuação nunca será apresentada: a abordagem estritamente topológica do contínuo redundará em um fracasso.

24. *G.A.*, p. 218. Essa nova classificação, oriunda da teoria dos ordinais transfinitos, veio completar, sem sobreposição, aquela fornecida em 1879.

25. Apesar de ausente dos *G.A.*, esta nota está bem presente no final da publicação original (cf. *Dauben 1979*, p. 148, nota 1).

3. *Da topologia aos tipos de ordem*

3.1. *Últimos elementos de topologia*

A partir de 1884, Cantor desenvolveu a teoria dos *tipos de ordem*. Os raros elementos de topologia contidos nos primeiros escritos da época vinculam-se à teoria dos conjuntos e dos números transfinitos. A partir dessa conjunção, Cantor esperava aprimorar o estudo do contínuo. O fracasso dessa tentativa acabou por conduzi-lo a privilegiar a abordagem aritmética em um movimento semelhante àquele que se produziu no momento da redação das seis dissertações, analisadas mais acima.

Cantor publicou, em primeiro lugar, uma série de três artigos nas *Acta Mathematica*; somente o terceiro – no essencial, a continuação da sexta dissertação da série precedente – apresenta algumas novidades. Cantor classificou, para começar, os conjuntos de pontos segundo a relação que os vincula a seus derivados; em seguida, acrescentava novos conceitos topológicos. Ao combiná-los de todas as maneiras possíveis, ele conseguiu uma divisão mais delicada e sutil que precedentemente. Mas nem assim o problema do contínuo encontrou uma solução.

3.2. *Um texto póstumo*

O artigo não publicado de 1884[26] retomava esses diferentes elementos. No entanto, a prioridade explícita dada à noção de tipo de ordem deixava entender que Cantor compreendeu que se concentrar exclusivamente sobre as propriedades topológicas dos conjuntos de pontos constituía "um *beco sem saída* na área da matemática"[27]. Se queremos resolver o problema do contínuo, pensava ele,

26. Cf. cap. I, nota 22.

27. *Dauben 1979*, p. 150.

é preferível desligar-se de suas propriedades métricas e fixar-se à natureza da *ordem* de seus elementos. Daí, o interesse pela noção abstrata de conjunto *simplesmente ordenado* (hoje em dia se diz "totalmente ordenado"): trata-se de um conjunto tal que, para dois elementos quaisquer *e* e *e'*, pode-se sempre determinar uma das três relações e < e', e = e', e > e'.

A noção de ordem permite definir a noção de *elemento principal*. Seja um elemento E: *e* é um de seus elementos principais, se e' < e < e" implica que existe uma infinidade de elementos de E entre e' e e". Todas as noções topológicas precedentemente introduzidas, válidas apenas para conjuntos de pontos, podem então ser transferidas para os conjuntos simplesmente ordenados; com a condição, prevenia Cantor, de "fazer a diferença entre seu sentido estrito na teoria dos conjuntos de pontos e o sentido amplo que elas adquirem na teoria dos tipos"[28].

Existe efetivamente uma semelhança entre as noções de elemento principal e de ponto limite; no entanto, a primeira, unicamente dependente da ordem, é mais geral que a segunda, para a qual convém acrescentar a noção de distância. Ao privilegiar a ordem, Cantor deixou de lado o estudo dos conjuntos de pontos, sem ter resolvido o problema do contínuo; salvo de forma ocasional, ele já não abordará a questão de topologia em seus trabalhos ulteriores.

3.3. Breve incursão na exposição final

Nas *Beiträge*, algumas das noções precedentes voltam a aparecer, mas de forma bastante breve e no âmbito estrito da teoria dos tipos de ordem: nesse texto, encontra-se a redefinição dos conceitos de elemento limite ou

28. *Cantor 1970*, p. 101.

principal, assim como de conjunto denso em si, fechado e perfeito. Ainda neste aspecto, a sinonímia com seus homólogos topológicos não deve ser fonte de confusão:

> Aplicados aos tipos de ordem, [eles] não coincidem exatamente com os conceitos correspondentes da teoria dos *conjuntos de pontos* em que têm apenas uma significação *relativa* no tocante ao contínuo como supostamente dado.[29]

Quanto ao único parágrafo dedicado ao "contínuo linear", ou seja, o intervalo [0,1] de **R**, ele exige, além disso, o recurso à noção de conjunto enumerável: um conjunto ordenado M tem o mesmo tipo que o do contínuo linear se ele é perfeito e contém um conjunto enumerável S tal que, entre dois elementos quaisquer *m* e *m'* de M, há sempre elementos de S.

Apesar de figurar efetivamente entre os fundadores da topologia dos conjuntos de pontos, Cantor abandonou rapidamente essa via; em particular, por ter tido a impressão de que a teoria dos tipos de ordem oferecia perspectivas mais depuradas, mais gerais e mais abstratas. O vínculo entre as duas abordagens limitava-se à sinonímia ou à semelhança; além disso, a noção de ordem foi privilegiada no estudo final sobre o contínuo. Por sua vez, a teoria dos tipos de ordem faz parte da grande obra de Cantor: a teoria dos conjuntos e dos números transfinitos.

29. *G.A.*, p. 353, nota 14 de Zermelo. Do ponto de vista topológico, P é denso em si se $P \subset P'$; fechado se $P \supset P'$; e perfeito se $P = P'$. Cf. Glossário.

V

Números infinitos

Como já dissemos, Cantor ocupa uma posição única na história da matemática em virtude da teoria dos conjuntos e dos números transfinitos[1]; apesar de sua importância – por constituir o próprio fundamento, amplamente aceito, da matemática –, ela ainda é pouco conhecida. Neste livro, nosso intuito consiste em preencher essa lacuna sem, no entanto, apresentar a totalidade da teoria cantoriana. Contentar-nos-emos em desenvolver seus principais elementos, começando por explicar a gênese e o conteúdo dos três conceitos básicos, indicados mais adiante, independentemente da teoria cantoriana propriamente dita, que exporemos a seguir.

---

1. Ocasionalmente, ela reservou-lhe também uma posição particular na história do ensino, na França. Ao ser introduzida a "matemática moderna" no ensino médio, no final da década de 1960, desencadeou-se rapidamente uma querela sobre a utilidade pedagógica de uma concepção tão abstrata da matemática, mesmo que tal ensino fosse limitado a uma parte bastante simples da teoria cantoriana; finalmente, os "anticantorianos" levaram a melhor já que a "teoria dos conjuntos" deixou de ser ensinada nas escolas francesas. Assim, os estudantes livraram-se de certo número de dificuldades, enquanto os pais evitaram ser surpreendidos com seus resultados; mas, tudo isso em troca de uma apresentação às vezes inconsistente de alguns conceitos matemáticos.

1. Conjunto, número cardinal, número ordinal

Intuitivamente, um conjunto é uma *coleção* de elementos: um rebanho de carneiros é um conjunto de carneiros; a reta, um conjunto de pontos; **N** e **R**, conjuntos de números. Trata-se de conjuntos "concretos", no sentido em que a natureza de seus elementos é claramente designada. O conceito de conjunto "abstrato" aparece em Cantor apenas em 1882; mais adiante, veremos como ele explica uma noção aparentemente tão simples. Contentemo-nos, por enquanto, com a "definição" intuitiva, fornecida no início deste parágrafo.

Dado um conjunto, finito ou não, é possível "enumerá-lo" de duas maneiras: ou se leva em consideração a ordem de seus elementos (número *ordinal*) ou não (número *cardinal* ou *potência*). Consideremos os oito grupos de qualificação da Copa do Mundo de Futebol, em 1998: o grupo em que se encontrava a França era composto, igualmente, pela África do Sul, Arábia Saudita e Dinamarca; enquanto o grupo do Brasil era formado pela Escócia, Marrocos e Noruega. Por ser possível colocá-los em bijeção, eles têm a mesma potência; aliás, o mesmo ocorre com os outros grupos de qualificação e com todos os conjuntos formados por quatro elementos (quatro cadeiras, quatro carneiros, {1,2,3,4}, {8,10,12,14}). Deste modo, obtém-se o número 4. Passou-se, naturalmente, do conceito de potência para o conceito de número cardinal que "mede" a *quantidade* de elementos contidos em um conjunto.

Mesmo que, aparentemente, o caso infinito seja mais problemático, a noção de bijeção opera aí, também. **N**, **Q**, o conjunto dos números algébricos, estão em bijeção. Todos os conjuntos enumeráveis, ou seja, em bijeção com **N**, contêm a *mesma* infinidade de elementos: eles têm o mesmo número cardinal. Outros conjuntos infinitos estão mutuamente em bijeção, mas não com **N**: **R**, [0,1], a reta, qualquer espaço de dimensão *n*, etc. Trata-se de conjuntos contínuos que, igualmente, contêm a *mesma* infinidade de elementos, além de terem o mesmo número cardinal, distinto do precedente. Assim, independentemente de ser um conjunto finito ou infinito, é possível definir por um número, graças à noção de bijeção, a quantidade de elementos que ele contém e, portanto, pôr em evidência a existência de *diferentes* infinitos.

No caso precedente, a *ordem* dos elementos do conjunto não é levada em consideração. Seja, agora, os conjuntos **N** = {1,2,3,...,n...} e **N'** = {2,3,...,n,...,1}, cujos elementos são dados na *ordem indicada*.[2] Enquanto simples coleções de elementos, eles encontram-se em bijeção e têm o mesmo cardinal. Em compensação, é impossível estabelecer uma bijeção que respeite a ordem de seus elementos: 1, o último elemento de **N'**, não pode ser a imagem de qualquer elemento de **N**. Enquanto conjuntos ordenados, dados sob forma de "sequências" e não de coleções, esses conjuntos têm um número ordinal *diferente*, característico da *ordenação* de seus elementos.[3]

Essa noção tem verdadeiro interesse apenas para os conjuntos infinitos; no caso finito, qualquer que seja a ordenação adotada, o ordinal é o mesmo. Seja o conjunto das equipes da Copa do Mundo de Futebol de 1998: quer se adote a ordem alfabética, quer se leve em conta uma classificação final segundo os resultados obtidos – neste caso, a França em primeiro lugar e os Estados Unidos no último –, ou qualquer outra classificação, esse conjunto terá sempre 32 como ordinal. No caso finito, verifica-se coincidência entre número cardinal e número ordinal.

---

2. *n* é o n^e elemento de **N**, e o $(n-1)^e$ é elemento de **N'**.

3. Eis por que, ao falar do ordinal de um conjunto, forneceremos, daqui em diante, a lista de seus elementos entre parênteses.

Assim, é possível apresentar, rapidamente, as bases da teoria dos conjuntos; evidentemente, a teoria completa é mais complexa. Apesar de ser *indefinível*, a noção de conjunto pode ser melhor explicada; além disso, é possível fornecer uma definição rigorosa das noções de número cardinal e de número ordinal.

2. Gênese da teoria dos conjuntos

2.1. Origem da teoria cantoriana

Ela é dupla: a distinção entre enumerável e contínuo da qual emerge a noção de potência de um conjunto infinito; e o estudo dos conjuntos de pontos através do qual aparece, pela primeira vez, a noção abstrata de conjunto e o transfinito como número autêntico. Em 1882, Cantor forneceu um caráter geral e essencial às noções de conjunto e de potência: esta última, "longe de estar restrita aos conjuntos lineares de pontos", é "um atributo de qualquer conjunto, qualquer que seja a constituição de seus elementos".[4] E ele acrescentava:

> Se nos limitamos a considerar somente o que é matemático e, provisoriamente, deixamos de lado os outros domínios conceituais, a *teoria dos conjuntos* assim concebida abrange a aritmética, a teoria das funções e a geometria; graças ao conceito de potência, ela as reúne em uma unidade maior.[5]

Além de ter já em vista um estudo filosófico, vinculado à teoria que ele estava em vias de criar – esse é, com efeito, o conteúdo dos *Grundlagen* do ano seguinte –, Cantor

4. *G.A.*, p. 150.
5. *G.A.*, p. 152.

percebia perfeitamente seu caráter *fundamentador*. Sem ter sido muito explícito, ele fazia alusão, provavelmente, à noção de número inteiro, inclusive transfinito, no domínio da aritmética; à topologia do conjunto dos reais, no domínio da teoria das funções; e aos conjuntos de pontos de qualquer dimensão, na área da geometria.

2.2. Números transfinitos e conjuntos infinitos

Nos *Grundlagen* de 1883 é que apareceu, pela primeira vez, a noção de *número transfinito*. Cantor estava consciente de romper com a matemática tradicional:

> Tal como tenho elaborado, até agora, a apresentação de minhas pesquisas relativas à teoria dos conjuntos chegou a um ponto em que, para continuá-la, terei de estender o conceito de número inteiro, existente realmente, para além de seus limites anteriores.[6] Na verdade, essa extensão orienta-se para uma direção que, segundo meus conhecimentos, não foi pesquisada, até o presente, por quem quer seja.[7]

Cantor entendia prolongar a sequência dos inteiros naturais "para além do infinito", portanto, fazer admitir a existência de números totalmente novos: os números transfinitos. Os "símbolos de infinito definidos de determinada maneira" tornaram-se "números concretos com sentido real"[8]. Assim, surgia o conceito de número

6. Essa expressão deselegante traduz o pensamento de Cantor: à semelhança dos números inteiros finitos, os números transfinitos existem (são reais). Sobre os termos alemães "reel" e "real", cf. cap. II, 4.2.1.

7. *G.A.*, p. 165.

8. *G.A.*, p. 166. A primeira expressão, que remete às ordens infinitas de derivação, já abordadas no cap. IV (2.2.), aparece apenas na tradução francesa dos *Grundlagen* (*Acta Mathematica* 2, 1883, p. 383, nota 1).

ordinal de um conjunto infinito *bem ordenado* com as seguintes definições:

1. Um conjunto E é bem ordenado se está munido de uma relação de ordem tal que qualquer subconjunto de E, incluindo o próprio E, possui um elemento menor.

2. Dois conjuntos bem ordenados têm o mesmo ordinal se existe uma bijeção de um sobre o outro que respeita a ordem dos elementos de cada um dos conjuntos.

Por exemplo:

1. **N**, munido da relação ≤, é um conjunto bem ordenado; do mesmo modo, $(a_1,a_2,...,a_n,...)$ e $(a_2,a_3,...,a_n,...a_1)$ com seus elementos dados nessa ordem.

2. **Z**, munido da relação ≤, não é um conjunto bem ordenado porque {...,-3,-2,-1} carece de elemento menor.

3. (1,2,3,...,n,...), $(a_1,a_2,a_3,a_4,...,a_n,a_{n+1},...)$, $(a_2,a_1,a_4,a_3,...,a_{n+1},a_n,...)$ têm o mesmo ordinal, mas não $(a_1,a_2,...,a_n,...)$, nem $(a_2,a_3,...,a_n,...,a_1)$.

Cantor definiu, então, o ordinal de **N**. Seja (I) a sequência (1,2,...,n,...). Falar de um número maior dessa sequência pode parecer contraditório, reconhecia Cantor, mas "nada há de chocante em imaginar um novo número que servirá para exprimir o fato de que a coleção (I), em sua totalidade, é dada em conformidade com sua lei, na sua sucessão natural"[9]. Esse novo número é designado por "ω". Assim, o "∞", proposto na segunda dissertação sobre os conjuntos de pontos, é abandonado: ω é um verdadeiro número e não um simples símbolo para uma ordem de derivação.

2.3. *Para alcançar o transfinito*

Em seguida, Cantor pôde "construir" a sequência infinita dos ordinais transfinitos, graças ao que ele designava como os dois *princípios de engendramento*: o primeiro

9. *G.A.*, p. 195.

aparece já na formação dos inteiros finitos (n+1 é o sucessor de n) e consiste na simples adição da unidade; e o segundo, válido apenas para os ordinais transfinitos, consiste em considerar uma sucessão qualquer de inteiros (finitos ou não), carecendo de elemento maior. Ele criou, então, um novo número, definido como se fosse *imediatamente superior* a esses inteiros.

Pode-se considerá-lo como o limite dos primos, afirmava Cantor. Por exemplo, ω é o limite de todos os inteiros finitos, no sentido em que ele é o menor inteiro que lhes seja superior.[10] Evidentemente, a sequência dos inteiros naturais não é convergente, mas ω – enquanto vem imediatamente depois da totalidade dos inteiros finitos – pode ser considerado como o número que vem *depois de todos* os elementos de **N**. Do mesmo modo que, em certo sentido, um número real vem *depois de todos* os elementos da sequência de Cauchy pela qual ele é definido; esta é, por sua vez, considerada como uma totalidade.

Ao combinar os dois princípios de engendramento, obtém-se uma sequência infinita de ordinais, semelhante à sequência das ordens de derivação exposta na segunda dissertação sobre os conjuntos de pontos (basta substituir "∞" por "ω"); tal sucessão concerne, precisamente, a "produção dialética de conceitos" evocada na época. Mas ao proceder desse modo, corre-se o risco de "se perder no ilimitado", reconhecia Cantor.[11] Daí, o terceiro princípio, dito de *interrupção* ou *limitação*, que permite introduzir, nessa "sequência absolutamente infinita, divisões naturais", chamadas classes de números:

---

10. O outro componente da noção de limite de uma sequência crescente – a diferença torna-se infinitamente pequena à medida que n cresce – deve ser excluída aqui, como dirá mais tarde Cantor (cf. cap. VI, nota 57). A análise subsequente é extraída de Michel Fichant, "Georg Cantor et les fondements de l'arithmétique transfinie" (cf. *Rivenc, Rouilhan 1992*, p. 133).

11. *G.A.*, p. 196.

> [Ele] impõe que somente se empreenda a criação de um novo número inteiro, com a ajuda de um dos dois outros princípios, se a reunião de todos os números precedentes tiver a potência de uma classe de números definida, já *dada* em toda a sua extensão.[12]

Portanto, esse princípio estabelece vínculo com a noção de potência e permite superar a simples distinção entre o enumerável e o contínuo: não há mais somente duas classes de conjuntos infinitos, mas sim uma sequência infinita de classes de números, ordenada segundo sua potência crescente. E quem diz "sequência crescente e infinita", diz ordinais transfinitos: eis por que estes últimos são tão importantes "para o desenvolvimento e o aperfeiçoamento do conceito de potência", afirmava Cantor.[13]

A primeira classe de números contém todos os inteiros finitos: sua potência é a do enumerável. Uma vez reunida a totalidade de seus ordinais, pode-se definir a segunda classe de números e assim por diante. Cantor demonstrou que a segunda classe de números tem a potência imediatamente superior à da primeira, ou seja, aquela que tem a potência do enumerável. Mas, ele não indicava com precisão onde se situava o contínuo na escala das potências. A hipótese do contínuo foi apenas brevemente evocada; aliás, Cantor sublinhava que sua nova teoria deveria permitir-lhe validá-la.

2.4. *Potência de um conjunto*

Apesar de ter sido publicada em 1878 e considerada rapidamente como essencial para a teoria dos conjuntos, a noção de potência ainda não tem o estatuto de número. Seus diferentes "valores" são definidos com a ajuda de

12. *G.A.*, p. 199.
13. *G.A.*, p. 167.

conjuntos de ordinais. Cantor estava convencido de que os dois conceitos, estreitamente ligados, eram indispensáveis para o avanço da teoria dos conjuntos e, até mesmo, para a teoria do conhecimento. Ele manifestava seu encanto:

> Ao conceber o infinito como o fiz aqui e nas minhas tentativas anteriores, experimento um verdadeiro prazer em observar que o conceito de número inteiro *se divide*, por assim dizer, quando nos elevamos em direção ao infinito, em *dois* conceitos: a *potência* e o *número ordinal*. E, se desço do infinito para o finito, vejo com a mesma clareza e deslumbramento que os dois conceitos se reduzem, de novo, a um só e *convergem* para o conceito de número inteiro finito.[14]

Depois da não publicação da dissertação sobre a teoria dos tipos de ordem, o projeto cantoriano parece ter se limitado a amadurecer na mente do matemático. As questões estritamente matemáticas são acompanhadas por considerações filosóficas. Mesmo assim, temos duas observações importantes sobre a noção de potência: a primeira diz respeito a seu caráter fundamental para a teoria dos conjuntos. Cantor já havia feito tal afirmação nos *Grundlagen* e irá repeti-la no texto inédito de 1884: a potência "aparece-lhe como o *conceito básico mais primitivo e mais simples*, do ponto de vista tanto *psicológico*, quanto *metodológico*"[15]. Em segundo lugar, enquanto os ordinais são verdadeiros números desde 1883, é apenas em 1884 que Cantor transforma o "número cardinal" no sinônimo de "potência".[16]

14. *G.A.*, p. 181.

15. *Cantor 1970*, p. 86.

16. No entanto, esse aspecto só aparece em *Comunicações sobre a teoria do transfinito* [as *Mitteilungen*] de 1887.

Concluído o relato dessa história, agora pode-se passar para a exposição "definitiva" da teoria de Cantor, apresentada nas *Beiträge* de 1895 a 1897. O fato de utilizarmos as aspas aqui tem várias razões: a principal é o silêncio de seu autor a respeito de determinadas questões essenciais, entre as quais o problema inextricável do contínuo.

3. A exposição "definitiva"

Retomamos aqui o plano das *Beiträge*: os primeiros quatro parágrafos são dedicados aos números cardinais em geral; o § 5, aos cardinais finitos; o § 6, ao primeiro cardinal transfinito; e o final da primeira parte, aos tipos de ordem. O início do segundo artigo aborda exclusivamente os números ordinais, permitindo a Cantor terminar sua exposição pelo estudo da segunda classe de números. Vamos referir-nos também a alguns textos anteriores: os *Grundlagen*, o estudo inédito sobre os tipos de ordem e as *Comunicações sobre a teoria do transfinito* ("as *Mitteilungen*").

Não acompanharemos Cantor em todas as ramificações de sua teoria, cujos elementos mais complicados não serão desenvolvidos aqui. A exemplo do que ocorreu com a teoria dos reais, mostraremos os obstáculos teóricos que ele não conseguiu superar e apresentaremos em detalhe algumas características da teoria. Para tudo o que diz respeito às questões relacionadas com a filosofia do infinito ou da matemática, remetemos o leitor para o próximo capítulo; a justificativa para essa escolha tem a ver com o fato de que as *Beiträge* pretendem ser um trabalho estritamente matemático.

3.1. Cardinais transfinitos

3.1.1. Conjunto e potência

Por ser a noção básica, a de *conjunto* é apresentada em primeiro lugar:

> Por "conjunto", entendemos qualquer reunião M em um todo de objetos *m* bem definidos e bem diferenciados de nossa intuição ou de nosso pensamento; esses objetos são chamados os "elementos" de M.[17]

Depois de terem sido definidas as noções de reunião e de subconjunto, vem a seguinte definição:

> Chamamos "potência" ou "número cardinal" de M o conceito geral que, apoiado em nossa faculdade ativa de pensamento, resulta do conjunto M quando fazemos abstração da natureza de seus diferentes elementos *m* e da ordem em que eles são dados.[18]

Obtém-se, portanto, o número cardinal por um *duplo* ato de *abstração*, bastante difícil de ser traduzido em termos matemáticos; aliás, o próprio Cantor não chegou a exemplificá-lo. Resta-nos tentar a explicação do processo *mental* descrito aqui. Seja uma sequência V de vacas dadas em certa ordem: $V = (v_A, v_B, v_C, v_D)$. Ou, então, F, o grupo de qualificação da França, durante a Copa do Mundo de Futebol de 1998, na ordem em que se desenrolaram as partidas desse grupo: F = (França, África do Sul, Arábia Saudita, Dinamarca). Seja S a sequência dos primeiros quatro inteiros: S = (1,2,3,4). Por um primeiro ato de abstração,

17. *G.A.*, p. 282.

18. *Ibid.* Em conformidade com a notação atual – diferente da notação de Cantor –, o número cardinal de M será designado por "card M".

"neutraliza-se" a natureza de seus elementos, daí V' = (a_1,a_2,a_3,a_4), F' = (b_1,b_2,b_3,b_4), S' = (c_1,c_2,c_3,c_4). Por um segundo ato de abstração, "elimina-se" a ordem. Assim, é possível obter três conjuntos, cujo único caráter comum é o de conter quatro elementos: a potência ou número cardinal de V, F e S é 4. Daí, um conjunto composto por quatro "unidades".

> Como cada elemento individual *m*, tendo sido feita abstração de sua natureza, torna-se um "um", o número cardinal [de M] é em si mesmo um conjunto definido, composto por puros uns e esse número tem uma existência na nossa mente como imagem intelectual ou projeção do conjunto dado M.[19]

3.1.2. Primeiro problema teórico

A definição cantoriana do número cardinal não utiliza as noções de bijeção e de conjuntos equivalentes: "conserva-se apenas o que é comum a todos os conjuntos equivalentes a M", dizia Cantor nas *Mitteilungen*.[20] De maneira mais formal, a mesma explicação é retomada nas *Beiträge*. Dois conjuntos são equivalentes se existe uma bijeção de um sobre o outro. Assim, tem-se uma relação de equivalência e Cantor acrescentava que "a equivalência de dois conjuntos é a condição necessária e suficiente da igualdade de seus números cardinais"[21]; mas ele não se serviu dessa observação para *definir* a potência de um conjunto.

No entanto, ele poderia ter procedido desse modo, em vez de utilizar expressões tão imprecisas quanto "conceito geral", "faculdade ativa de pensamento", "fazer abstra-

19. *G.A.*, p. 283.
20. *G.A.*, p. 387.
21. *G.A.*, p. 283.

ção". Definir-se-ia, então, o cardinal de M como a *classe de equivalência* de *todos* os conjuntos *equivalentes* a M, segundo o modelo do que foi dito relativamente à teoria dos reais. Assim, 2 será a classe de *todos* os pares; 3, a de *todos* os trios, etc. E o mesmo ocorre com os conjuntos infinitos: $\aleph_0$ ("aleph-0") é, então, o número cardinal de *todos* os conjuntos enumeráveis e, em particular, de **N**.

3.1.3. Comparabilidade das potências

A noção de subconjunto permite definir uma *relação de ordem* sobre as potências. Conforme M seja equivalente a uma parte de N, ou N a uma parte de M, tem-se card M < card N ou card M > card N; quando os dois conjuntos são equivalentes, tem-se card M = card N. No entanto, Cantor não pode provar a *comparabilidade universal* das potências, ou seja, demonstrar que dois números cardinais quaisquer estão forçosamente ligados por uma das três relações: =, <, >. De fato, nada diz que, considerando dois conjuntos, um seja necessariamente equivalente a uma parte do outro. Apesar de sua intenção de fornecer tal demonstração depois de ter estudado a sequência crescente dos cardinais transfinitos, mostrando a maneira como eles se encadeiam, Cantor não chegará a efetuá-la.

Um problema aparece, portanto, desde o início da obra. Se Cantor começou por definir o conceito de potência é porque ele considerou sempre tal conceito como mais elementar que o de ordinal. Mas, na realidade, a teoria completa dos cardinais está sob a dependência da teoria dos ordinais, de acordo com sua afirmação, no início da segunda parte das *Beiträge*.

3.1.4. Aritmética dos cardinais

No prosseguimento de sua exposição, Cantor definiu as operações sobre os números cardinais com a ajuda das operações sobre os conjuntos; ele limitava-se a prolongar resultados facilmente demonstráveis para os conjuntos finitos. Considerando dois conjuntos M e N de cardinais respectivos *a* e *b*[22]:

1. Se M e N não têm qualquer elemento comum, o conjunto $M \cup N$ é constituído por elementos pertencentes a um desses conjuntos. Tem-se, então, $a + b = \text{card}\ (M \cup N)$ com $M \cap N = \varnothing$.

2. A multiplicação é definida com a ajuda do *produto cartesiano* de dois conjuntos: (M x N) é o conjunto de todos os pares (m,n) em que *m* e *n* são, respectivamente, elementos de M e de N. Tem-se, então, $a.b = \text{card}\ (M \times N)$.

3. Para os inteiros finitos, a exponenciação (ou elevação a uma potência) decorre da multiplicação.[23] O caso infinito exige que se forme o conjunto (N|M) de todas as aplicações de N em M. Tem-se, então, $a^b = \text{card}\ (N|M)$.

Assim, encontra-se desenvolvida a aritmética dos cardinais transfinitos com as mesmas propriedades e as mesmas regras que as de **N**. Em particular, pelo fato de que a potência de um conjunto é independente da ordem de seus elementos, a adição e a multiplicação são *comutativas*. Não se pode, entretanto, definir a subtração e a divisão dos cardinais transfinitos. Ocasionalmente, Cantor menciona dois resultados importantes, descobertos anteriormente por ele, mas que, nesse momento, pode ser formulado algebricamente:

---

22. Cantor tomou a precaução de precisar que essas definições são independentes dos conjuntos escolhidos, ou seja, que o resultado permanece imutável se tomarmos dois conjuntos equivalentes a M e a N. As notações atuais adotadas, aqui, são diferentes das notações de Cantor.

23. Obtém-se a^n ao multiplicar *a* por ele mesmo *n* vezes.

1. A potência do contínuo, *c*, é distinta da potência do enumerável e tem-se $c = 2^{\aleph_0}$.[24]

2. A potência de um espaço contínuo, com dimensão *n* ou $\aleph_0$, é igual à potência do contínuo linear, ou seja, $c^n = c^{\aleph_0} = c$.

3.2. *Cardinais finitos e* $\aleph_0$

3.2.1. Definição dos inteiros naturais

O que acaba de ser dito é válido para qualquer conjunto, seja ele finito ou infinito. Cantor propôs, então, uma teoria específica dos inteiros naturais, a pretexto de que os princípios precedentemente expostos "fornecem também o fundamento mais natural, mais conciso e mais rigoroso da teoria dos números finitos".[25] 1 é o cardinal de um conjunto unitário $E_0 = \{e_0\}$, enquanto 2 é o de $E_1 = \{e_0, e_1\}$, ou seja, da reunião de E_0 com $\{e_1\}$. Pode-se repetir a operação; assim, acrescentando $\{e_n\}$ ao conjunto E_{n-1}, tem-se n = card E_{n-1} e card E_n = card $E_{n-1} + 1$, "ou seja, que qualquer número cardinal finito (exceto o 1) é a soma de seu predecessor imediato com 1".[26]

Cada número cardinal finito obtém-se, portanto, por adições sucessivas da unidade; para os "conjuntos suportes", tal operação corresponde à reunião com um conjunto unitário (esse é o primeiro princípio de engendramento dos *Grundlagen*). A vantagem da teoria cantoriana consiste

24. Mostra-se que existe uma bijeção entre [0,1] e P(**N**), o conjunto das partes (ou subconjuntos) de **N**.

25. *G.A.*, p. 289.

26. *G.A.*, pp. 289-290. Cantor observava que sua definição não é circular, já que os índices que marcam cada conjunto são utilizados apenas depois de terem sido definidos: *n* é o cardinal de E_{n-1} e não de E_n. Isso impede de definir 0; mas, a exemplo de um grande número de seus contemporâneos (exceto Frege), Cantor não considera 0 como um número.

em apoiar-se na noção de conjunto do qual é abstraído seu cardinal, procedimento válido tanto para o finito quanto para o infinito. Por esse aspecto, ela se distingue das teorias dos contemporâneos; aliás, de acordo com a afirmação de Cantor, eles nunca teriam conseguido descobrir os números transfinitos.[27] A sequência consiste na demonstração de diversos teoremas aritméticos elementares, um dos quais enuncia que qualquer conjunto finito pode ser bem ordenado.

3.2.2. Novo problema teórico

A teoria cantoriana dos inteiros finitos garante, supostamente, uma base sólida para a consideração de **N** como totalidade, com o objetivo de definir rigorosamente seu cardinal, $\aleph_0$. Infelizmente, ela apresenta, pelo menos, dois pontos fracos:[28] em primeiro lugar, Cantor não forneceu qualquer definição geral do que é um inteiro finito, nem sequer do que é um conjunto finito. Relativamente a essa questão, a flutuação é permanente e a maior parte de suas observações sobre o assunto baseiam-se na noção de número; daí, um círculo vicioso que ele teria evitado ao adotar a definição de Dedekind.[29] Por outro lado, ao escrever card E_n = card E_{n-1} + 1, Cantor utilizou implicitamente, e sem ter fundamentado sua legitimidade, o que se designa por princípio de *indução completa*: se uma propriedade for verdadeira de 1 e, se ela for verdadeira de

27. Essa observação é inexata no que diz respeito a Frege, mas Cantor não se apercebeu disso (cf. *Belna 1996*, pp. 300-301).

28. Elas foram indicadas a Cantor pelo matemático italiano Guiseppe Peano (1858-1932), justamente conhecido por sua axiomática do conjunto dos inteiros naturais. Nenhum dos dois problemas é resolvido pela resposta de Cantor (cf. *Dauben 1979*, pp. 176-179; e *Belna 1996*, pp. 121-124).

29. Cf. cap. I, nota 14.

n, ela será verdadeira também de n+1, sendo verdadeira para qualquer *n*.

A teoria cantoriana dos cardinais finitos é, portanto, errônea – o que contradiz a afirmação de Cantor no início de sua exposição – e pouco fecunda. Fascinado pelo infinito, e mais preocupado pelos números transfinitos que pelos inteiros finitos, ele dava mostras de uma lamentável falta de rigor, no momento em que Frege, Dedekind e Peano propunham um fundamento mais sólido para a aritmética finita.[30] Assim, a definição de $\aleph_0$ apresenta várias lacunas.

3.2.3. Primeiro cardinal transfinito

Com efeito, $\aleph_0$ é definido não como o número cardinal comum a todos os conjuntos enumeráveis, mas como o da "totalidade de todos os números cardinais finitos"[31]. À semelhança do que ocorreu com a teoria geral dos cardinais transfinitos, essa definição é tributária da maneira como foram elaboradas as *Beiträge*. Em vez de baseá-la em uma teoria insuficientemente rigorosa sobre os cardinais finitos, Cantor deveria ter utilizado a teoria dos ordinais e ter desenvolvido, previamente, a teoria geral dos conjuntos bem ordenados. No entanto, ele julgou preferível apresentar, em primeiro lugar, o que lhe pareceu ser mais elementar (a teoria dos cardinais), no momento em que, para um fundamento sólido, ele tinha necessidade da teoria geral sobre a noção de ordem.

Cantor mostrou, então, que $\aleph_0$ é efetivamente um número transfinito ($\aleph_0 + 1 = \aleph_0$, o que é falso em relação a

---

30. Gottlob Frege, *Grundlagen der Arithmetik* [Fundamentos da aritmética], 1884, Breslau, Koebner; e *Grundgesetze der Arithmetik I* [Leis fundamentais da aritmética, vol. I], Jena, Pohle, 1893; Dedekind, *Zahlen*, 1888; Peano, *Aritmetices Principia, nova methodo exposita*, Turim, Fratres Bocca, 1889.

31. *G.A.*, p. 293.

qualquer inteiro finito[32]) e o menor entre eles; em seguida, ele estabeleceu diversos resultados sobre $\aleph_0$. Entre outros: $\aleph_0 + n = \aleph_0$ (a reunião de um conjunto enumerável e de um conjunto finito é um conjunto enumerável); $\aleph_0 + \aleph_0 = \aleph_0$ (a reunião de dois conjuntos enumeráveis é um conjunto enumerável); $\aleph_0.\aleph_0 = \aleph_0$ (o produto cartesiano de dois conjuntos enumeráveis é um conjunto enumerável). Ele demonstrou, igualmente, que qualquer conjunto infinito contém um conjunto enumerável e enunciou dois teoremas que "esclarecem", afirmava ele, "a diferença essencial entre os conjuntos finitos e transfinitos"[33]: qualquer conjunto finito não é equivalente a qualquer de suas partes, qualquer conjunto infinito é tal que possui partes que lhe são equivalentes. No entanto, esses teoremas – que poderiam ter fundamentado a distinção finito/infinito – são "demonstrados apenas em uma base puramente intuitiva e, portanto, hipotética".[34]

3.3. Diferentes alephs

3.3.1. Para alcançar, de novo, o transfinito

Cantor se questionava sobre como construir a sequência crescente dos alephs. E, em primeiro lugar, a sequência $\aleph_0, \aleph_1, \ldots, \aleph_n, \ldots$, em que cada termo fosse *imediatamente superior* ao precedente. Em seguida, ele previa demonstrar a existência de $\aleph_\varpi$, o aleph imediatamente superior a todos os $\aleph_n$ (como ϖ é imediatamente superior a todos os inteiros finitos). $\aleph_{\varpi+1}$ resultará, em seguida, de $\aleph$, e assim por diante. Cantor pretendia que a construção dessa

32. Seja $N^+ = \{e_0,1,2,3,4,\ldots\}$. A aplicação de N^+ em N – que faz com que 1 corresponda a e_0, e n+1 a *n* – é uma bijeção.

33. *G.A.*, p. 295.

34. *G.A.*, p. 352, nota 8 de Zermelo.

sequência era o resultado de "determinada lei" que permite deduzir, de um cardinal transfinito qualquer, aquele que lhe é imediatamente superior; além disso, o conjunto dos números cardinais, ordenado em ordem crescente, constituía um conjunto bem ordenado.

No entanto, para demonstrar esses resultados, já apresentados nos *Grundlagen*, foi necessário desenvolver a teoria dos ordinais; apesar disso, na segunda parte das *Beiträge*, Cantor limitou-se ao estudo de $\aleph_1$, uma vez que ele não havia conseguido resolver alguns problemas internos à sua teoria. Em particular, ele não elucidará a *lei* que preside a *passagem* de um aleph para o *seguinte*. Ele obterá apenas os seguintes resultados:

1. Construção da sequência crescente dos cardinais transfinitos, enquanto classes de números, com a ajuda dos dois princípios de engendramento e do princípio de interrupção dos *Grundlagen*.

2. Se M é um conjunto qualquer e P(M) o conjunto de suas partes, card P(M) > card M ; e até mesmo card P(M) = $2^{\text{card M}}$ (que M seja finito ou não). De modo que, para qualquer número cardinal *a*, existe um número cardinal *b* que lhe é estritamente superior (teorema de Cantor).

Mas nada indica que o cardinal de P(M) seja *imediatamente superior* ao de M; de modo que Cantor não conseguiu mostrar que a lei procurada é aquela que permite passar da potência de um conjunto para a potência de suas partes, nem que *toda potência é um aleph*. Se ele tem razão ao afirmar que a teoria completa dos cardinais se encontra sob a dependência da teoria dos ordinais, ela não lhe permite comprovar o resultado esperado.

3.3.2. Por que "aleph"?

Vale a pena relatar a história da notação adotada por Cantor para designar as diferentes potências. Enquanto ele estava convencido de que existiam apenas duas potências infinitas distintas, o enumerável e o contínuo, nenhum simbolismo particular era verdadeiramente necessário. Com a construção da sequência infinita dos números cardinais, isso se tornou indispensável. Mas enquanto a notação definitiva para os ordinais transfinitos foi adotada desde 1883, a notação para os números cardinais continuava flutuante; aparentemente, apenas em 1893 é que Cantor por fim decidiu assumir os alephs para os números cardinais.[35]

Ele afirmou ter feito tal escolha para marcar a especificidade de seus números cardinais transfinitos, uma vez que os alfabetos grego e romano já eram profusamente utilizados. Além disso, aleph é a primeira letra do alfabeto hebraico e designa, igualmente, o número um; ora, para Cantor, os cardinais transfinitos eram representados como *unidades* e sua teoria como o *início* de uma nova matemática. Seria possível, evidentemente, fazer comentários sobre o caráter altamente simbólico dessa escolha do alfabeto hebraico para designar números que foram verdadeiramente criados por Cantor; mas, a esse respeito, nada se encontra em seus escritos.

3.4. Tipos de ordem

Aqui, é necessário abordar a noção de conjunto simplesmente ordenado. Tal conjunto apresenta-se "naturalmente" como uma *sequência* de elementos, aliás, a exemplo do que ocorre com todos os conjuntos de números e da reta real (em que um ponto precede um outro quando sua abscissa lhe é inferior). Por outro lado, o

35. A primeira menção conhecida encontra-se em uma carta enviada, em 13 de dezembro de 1893, ao matemático italiano Guilio Vivanti, membro da escola de Peano.

mesmo conjunto pode ser ordenado de *diferentes* maneiras.[36] A definição do *tipo de ordem* de um conjunto M suscita problemas semelhantes à definição do número cardinal:

> Em nosso entender, [o tipo de ordem] é o conceito geral que resulta de M quando fazemos abstração da natureza de seus elementos, mas conservamos a ordem de sucessão de tais elementos.[37]

O tipo de ordem de M resulta, portanto, de um *único* ato de *abstração*. Ainda nesse aspecto, não se trata de uma definição em termos de relação de equivalência, mesmo que, segundo Cantor, dois conjuntos serão *semelhantes* se existir uma bijeção de um sobre o outro, respeitando a ordem dos elementos de cada um.[38] No entanto, ele limitou-se a mostrar que se trata de uma relação de equivalência, sublinhando que o tipo de ordem de um conjunto é em si mesmo um conjunto ordenado, composto por "uns perceptíveis", cuja ordem de sucessão é a mesma que a dos elementos de M.

A exposição de Cantor prosseguia pela indicação do *vínculo* entre *potência* e *tipo de ordem*. Obtém-se o tipo de ordem de um conjunto M por um *primeiro* ato de abstração (da natureza de seus elementos); em seguida, seu cardinal, por um *segundo* ato de abstração (da ordem de seus elementos). Segue-se que dois conjuntos com o mesmo tipo de ordem têm sempre o mesmo cardinal,

---

36. O intervalo [0,1] de Q é, naturalmente, ordenado pela relação <. No entanto, uma outra ordem é possível: considerando duas frações p_1/q_1 e p_2/q_2; dir-se-á que p_1/q_1 precede p_2/q_2 se $p_1/q_1 < p_2/q_2$ (se $p_1/q_1 = p_2/q_2$, conserva-se a ordem habitual). Daí, o conjunto R_0 = (1/2, 1/3, 1/4, 2/3, 1/5,1/6, 2/5, 3/4,...).

37. *G.A.*, p. 297.

38. N e $(a_1,a_2,a_3,...,a_n,...)$ são semelhantes, mas não Q, munido de sua ordem natural, nem R_0.

mas a recíproca é, em geral, falsa: por exemplo, os conjuntos **N** e **N'** – com **N'** = (2,3,4,...,1)[39] – têm o mesmo cardinal ($\aleph_0$), mas ordinais diferentes (ω para **N**; $\omega + 1$ para **N'**). Para um número cardinal infinito *a*, pode-se, portanto, considerar todos os elementos diferentemente ordenados, cujo cardinal seja *a*. Daí, resulta uma distribuição dos tipos de ordem em classes que faz lembrar a dos *Grundlagen*.

De acordo com o ponto de vista adotado neste livro, podemos deixar de lado o resto da teoria dos tipos de ordem. Com efeito, Cantor não considerava os tipos como verdadeiros números: tratava-se apenas de "números ideais", afirmava ele, nas *Mitteilungen*.[40] Se é possível definir a partir deles uma adição e uma multiplicação, trata-se de números ordinais que apresentam analogias com os inteiros finitos:

1. Enquanto um conjunto simplesmente ordenado pode ser semelhante a si mesmo de várias maneiras, isso é falso em relação aos conjuntos finitos e aos conjuntos bem ordenados.
2. É impossível definir uma relação de ordem a partir dos tipos.

Acrescentaremos, simplesmente, que Cantor interessava-se, em particular, pelo tipo do conjunto dos racionais ordenados em sua ordem natural e pelo tipo do conjunto do contínuo linear. Neste caso, as noções do conjunto *denso*, *fechado* e *perfeito* são definidas não mais em termos topológicos, mas em termos de tipos de ordem. A abordagem topológica do contínuo deu lugar, efetivamente, ao estudo de **R** como estrutura naturalmente ordenada.[41]

39. Cf., *supra*, 1.
40. *G.A.*, p. 379.
41. Cf. cap. IV, 3.

3.5. Ordinais transfinitos

3.5.1. Ordinal de um conjunto bem ordenado

O tipo de ordem de um conjunto simplesmente ordenado limita-se a caracterizar a ordem de sucessão de seus elementos, enquanto o ordinal de um conjunto bem ordenado permite fornecer-lhes uma "medida numérica". A teoria dos números ordinais apresenta propriedades mais fecundas e interessantes que a teoria dos tipos de ordem, da qual ela é um caso particular:

> Entre os conjuntos ordenados, convém atribuir uma posição peculiar aos conjuntos bem ordenados; seus tipos de ordem, designados por nós como números ordinais, constituem o material natural para uma definição precisa das potências ou dos números cardinais transfinitos superiores.[42]

3.5.2. Comparabilidade dos ordinais

Todos os elementos de um conjunto bem ordenado M "escalonam-se" em determinada sucessão a partir de um elemento inicial m_1. Para desenvolver sua teoria dos ordinais, Cantor teve de definir a noção de *segmento*. Seja um elemento *m*, diferente de m_1, de um conjunto bem ordenado M: o segmento determinado por *m* é o conjunto, em si mesmo, bem ordenado, de todos os elementos de M, cuja posição é inferior a *m*. Por exemplo, se $A = (a_1,a_2,a_3,\ldots,a_n,\ldots,b_1,b_2)$, a_3 determina o segmento (a_1,a_2) e b_1 o segmento $(a_1,a_2,a_3,\ldots,a_n,\ldots)$. Uma série de teoremas permite chegar ao seguinte enunciado:

42. *G.A.*, p. 312.

> Se F e G são dois conjuntos bem ordenados quaisquer, seja 1) F e G são semelhantes, seja 2) há um segmento B de G semelhante a F, ou seja 3) há um segmento A de F semelhante a G; e cada um desses três casos exclui a possibilidade dos dois outros.[43]

Se α e β são os números ordinais respectivos de F e de G, daí resulta a definição de uma *relação de ordem* sobre os ordinais: no primeiro caso, $\alpha = \beta$; no segundo, $\alpha < \beta$; no terceiro, $\alpha > \beta$. Daí resulta igualmente a *comparabilidade universal* dos números ordinais (não ocorre, neste caso, o problema encontrado para os cardinais). De acordo com sua promessa – em parte, cumprida –, Cantor mostrou mais tarde que o conjunto de todos os ordinais constitui um conjunto bem ordenado.

3.5.3. Aritmética dos ordinais

A exemplo do que ocorre com os cardinais, é possível definir as operações elementares relativamente aos ordinais; neste caso, Cantor retomou em parte sua apresentação dos *Grundlagen*. Entretanto, a intervenção da noção de ordem impede que as definições e as propriedades sejam exatamente idênticas. Se M e N são dois conjuntos de ordinais respectivos α e β, o conjunto $M \cup N$ – em que os elementos de M são seguidos pelos elementos de N e é conservada a ordem dada para cada um dos conjuntos – permite definir a adição: $\alpha + \beta = \text{ord } M \cup N$.[44]

A operação, assim, definida não é comutativa pelo fato de que a ordem é levada em consideração. Seja $M = (m_1, m_2, \ldots, m_n, \ldots)$, cujo ordinal é ω, e *a* um elemento não pertencente a M. Teremos:

43. *G.A.*, p. 319.

44. "ord M" é a abreviatura de "número ordinal de M".

• $(a,M) = (a,m_1,m_2,...,m_n,...)$, cujo ordinal é $1 + \omega$.

• $(M,a) = (m_1,m_2,...,m_n,...,a)$, cujo ordinal é $\omega + 1$. (a,M) *é* semelhante a M, portanto, $1 + \omega = \omega$. Em compensação, (M,a) *não é* semelhante a M, já que M carece de último elemento. Por conseguinte, $1 + \omega \neq \omega + 1$.

É impossível transpor a definição da multiplicação dos cardinais para os ordinais porque a noção de produto cartesiano utilizada, então, neutraliza a noção de ordem. Aqui, constrói-se um novo conjunto S da seguinte maneira: substitui-se o n^e elemento de N por um conjunto M_n de mesmo ordinal que M. Assim, seja $M = (e_1,e_2,...,e_n,...)$, cujo ordinal é ω, e $N = (a,b)$, cujo ordinal é 2. Se S é o produto de M por N, tem-se $S = (e_1,e_2,...,e_n,...,f_1,f_2,...,f_n,...)$, cujo ordinal é $\omega.2 \neq \omega$. Se S é o produto de N por M, tem-se $S = (e_1,f_1,e_2,f_2,...,e_n,f_n,...)$, cujo ordinal é $2.\omega = \omega$. A multiplicação não é, portanto, comutativa.

3.5.4. Esclarecimento sobre a noção de limite

A aritmética ordinal transfinita permitiu que Cantor fornecesse um conteúdo preciso à noção de limite de uma sequência de números ordinais. Na primeira parte das *Beiträge*, ele ampliou aos tipos de ordem, portanto, aos ordinais, a definição de uma sequência fundamental, já introduzida para definir os números irracionais. Uma sequência fundamental de números ordinais verifica a condição $\alpha_{n+1} > \alpha_n$. Daí, uma formulação muito mais precisa do segundo princípio de engendramento dos *Grundlagen*:

1. Cada sequência fundamental (α_n) de números ordinais corresponde a um número ordinal $\lim_{n \to \infty} \alpha_n$, imediatamente superior a todos os α_n.

2. Esse número é dado pela fórmula:

$$\lim_{n \to \infty} \alpha_n = \alpha_1 = (\alpha_2 - \alpha_1) + ... + (\alpha_{n+1} - \alpha_n) + ...$$

3.5.5. Parte final das "Beiträge"

A exposição de Cantor concluía-se pela análise detalhada da segunda classe de números. A *primeira* é constituída pelo conjunto dos ordinais ou cardinais *finitos* (é a mesma coisa), definidos no § 5; trata-se de **N**, cuja potência é $\aleph_0$. Por sua vez, a *segunda*, Z ($\aleph_0$), é a *totalidade* de todos os números ordinais que correspondem a conjuntos *enumeráveis*. Por estar bem ordenada, ela tem um elemento menor, $\omega = \lim_{n \to \infty} n$, em que *n* é um inteiro finito. A noção de *limite*, introduzida precedentemente, fornece um sentido preciso à definição *intuitiva* dos *Grundlagen*.

A teoria dos ordinais permite definir, em toda a sua generalidade, Z($\aleph_0$), além de mostrar que seu cardinal é $\aleph_1$, a potência imediatamente superior a $\aleph_0$. Esse número é naturalmente representado pela segunda classe de números, afirmava Cantor, satisfeito por ter encontrado um conjunto, cuja potência é explicitamente esse aleph. Entretanto, como não pôde encontrar a lei que rege a sucessão dos cardinais, ele teve de limitar-se *unicamente* à passagem de $\aleph_0$ para $\aleph_1$ e contentar-se em estudar a segunda classe de números. Além disso, apesar de saber que $\aleph_1 = 2^{\aleph_0}$, ele não pôde demonstrar a hipótese do contínuo, ou seja, a igualdade $c = \aleph_1$, da qual não é feita alusão na segunda parte das *Beiträge*. Na conclusão de sua exposição, Cantor limitou-se ao estudo das propriedades dos números de Z ($\aleph_0$); para isso, ele teve de demonstrar um teorema que validasse a definição por "indução transfinita"[45], cujo enunciado é demasiado complexo para ser indicado aqui.

45. Apesar de não ter sido forjada por Cantor, a expressão é justificada pelo fato de que esse processo generaliza o princípio de indução completa, utilizado implicitamente na definição dos cardinais finitos (cf., *supra*, 3.2.2.). Para um estudo detalhado da parte final das *Beiträge*, cf. *Belna 1996*, pp. 171-175.

Em resumo, Cantor distinguiu dois tipos de números transfinitos: os números cardinais que indicam a *quantidade* de elementos contidos em um conjunto; e os ordinais que, além disso, "qualificam-quantificam" a *ordem* de seus elementos. Daí resulta uma hierarquia dos números transfinitos que exige a vinculação dos dois conceitos, além de uma aritmética do infinitamente grande que prolonga a aritmética clássica.

4. Fundamentos da teoria cantoriana referente aos conjuntos

4.1. Noção de conjunto

4.1.1. Conjuntos bem definidos

No que diz respeito à noção abstrata de conjunto, existem três "definições" na obra de Cantor[46]. Em 1882, aparece a expressão "conjunto bem definido":

> Afirmo que um conjunto de elementos pertencente a um domínio conceitual qualquer é *bem definido* quando se tem a possibilidade de *determinar, de maneira interna se*: 1) tendo sido escolhido um objeto qualquer pertencente a esse domínio conceitual, se ele pertence ou não como elemento ao conjunto em questão; e 2) tendo sido dados dois objetos pertencentes ao conjunto, se eles são

46. As aspas sublinham que a noção de conjunto, enquanto base da teoria, é indefinível. Não se pode exigir que todos os conceitos matemáticos sejam definidos, nem que todos os enunciados sejam demonstrados: é necessário um ponto de partida para desenvolver uma teoria.

> iguais ou não, apesar das diferenças formais que venham a apresentar-se na maneira como eles são dados.[47]

Existem duas maneiras de definir um conjunto particular: seja pela *enumeração* de seus elementos, seja pela atribuição de uma *propriedade* que lhes seja comum. Estritamente falando, a primeira definição, chamada "extensional", é possível apenas para os conjuntos finitos: é fácil fornecer a lista das 32 equipes presentes na Copa do Mundo de Futebol de 1998. Tal operação é, evidentemente, impossível no caso infinito, em que só se pode utilizar, em princípio, o segundo tipo de definição, chamada "intensional": por exemplo, o conjunto dos números pares é definido pela propriedade "ser um inteiro divisível por 2", enquanto o conjunto dos racionais é definido pela propriedade "ser um quociente de inteiros".

Qual é o alcance dos dois pontos mencionados por Cantor? No caso dos conjuntos infinitos – o único que, neste ponto, suscita problemas –, deve ser sempre possível *decidir*, considerando apenas a constituição de um conjunto, a respeito da pertinência ou não de um elemento a esse conjunto, assim como a respeito da identidade ou não de dois quaisquer de seus elementos. Seja, por exemplo, o conjunto **Q** dos racionais:

1. Dado determinado número, ou ele pode ser apresentado sob a forma de fração e, neste caso, pertence a **Q**, ou então, sendo impossível tal operação, deixa de pertencer-lhe.

2. Dados dois racionais de maneiras formalmente diferentes, pode-se verificar se eles são iguais (caso de 2/3 e 4/6) ou não (por exemplo, 2/3 e 3/5).

---

47. *G.A.*, p. 150. Uma explicação semelhante é apresentada nas *Mitteilungen* (*G.A.*, p. 419, nota 1): "Um conjunto é completamente delimitado por este único aspecto: tudo o que lhe pertence é determinado em si e perfeitamente distinto de tudo o que não lhe pertence".

Um conjunto infinito pode ser, portanto, "bem definido" sem que seja necessário fornecer seus elementos (e, felizmente, já que isso é impossível!). O exemplo apresentado é particularmente simples e Cantor faz questão de sublinhar que nem sempre esse era o caso: o conjunto dos números algébricos é "bem definido" pela propriedade comum a todos os seus elementos de serem raízes de uma equação com coeficientes inteiros, mesmo que nem sempre seja possível verificar, efetivamente, que um número é algébrico ou não – assim, em relação a π, no momento da redação da dissertação.[48] Portanto, os dois critérios apresentados por Cantor não são relativos a determinado estado de nossos conhecimentos, mas *absolutos* e, *teoricamente*, verificáveis pelo fato da constituição do conjunto em questão.

4.1.2. Lei de formação de um conjunto

No caso de um conjunto infinito, pode-se mesmo assim contornar a impossibilidade de enumeração, ao indicar com precisão seus primeiros elementos e o modo de engendramento dos subsequentes. É assim que se pode escrever **N** = {1,2,3,4,5,...}, em que as reticências ("...") assinalam que o conjunto é infinito, mas que se sabe como é possível formar os elementos não explicitamente indicados (ao acrescentar 1, de maneira repetida). Cantor pensava provavelmente nessa possibilidade ao fornecer sua segunda "definição", apresentada nos *Grundlagen*:

> Por conjunto, entendo, de maneira geral, qualquer pluralidade que possa ser pensada como uma unidade, ou

48. A transcendência de π é demonstrada pelo matemático alemão Ferdinand Lindemann (1852-1939), em um artigo publicado também em 1882.

> seja, qualquer coleção de elementos determinados que possa ser combinada em um todo por uma lei.[49]

A expressão "coleção de elementos" remete à caracterização "extensional". Mas para que uma coleção possa ser *pensada* como um verdadeiro conjunto, é necessário uma *lei* que determine seus elementos e oriente sua formação. Para **N**, sendo dado o elemento inicial, a lei é a seguinte: "acrescento 1 ao elemento precedente"[50]. Essa lei, pensada porque não é necessariamente escrita, permite combinar elementos para transformá-los em uma *totalidade*. Constituir um conjunto, reunir elementos diversos e dispersos, consiste em fornecer a *lei* que transforma uma *pluralidade* em uma *unidade*. E a "definição" fornecida nas *Beiträge* é ainda mais depurada.[51] Para Cantor, a noção de "objeto" é suficientemente neutra para não implicar qualquer consideração filosófica; mas é ainda o pensamento que reúne diversos objetos para transformá-los em um todo.

4.1.3. Não se pode definir o que é um conjunto

Além de que essas diferentes definições mostram como é difícil explicar, em poucas palavras, a noção aparentemente tão simples quanto a de conjunto, as duas últimas revelam uma propriedade essencial: um conjunto é, ao mesmo tempo, *uno* e *múltiplo*. "Uno" por ser considerado como uma totalidade à qual poderá ser atribuído um número; e "múltiplo" por ser constituído por diversos elementos suscetíveis de serem "contados". Assim, **N** é a reunião (unidade) de todos os inteiros naturais (multiplicidade), cuja lei de constituição é dada pela operação sucessor.

---

49. *G.A.*, p. 204, nota 1.

50. Cf., *supra*, 3.2.1.

51. Cf., *supra*, 3.1.1.

Cantor transformou, portanto, a noção matemática de conjunto em um objeto de pensamento, o que ajuda a compreender a importância da abstração para suas definições dos números transfinitos. Privilegiar a ideia de totalidade é também essencial porque, sem considerar **N** como unidade, Cantor não poderia definir $\aleph_0$, ω e a segunda classe de números, nem, de forma mais ampla, enunciar o segundo princípio de engendramento e o princípio de interrupção.

Vamos fixar, por conseguinte, que Cantor não conseguiu apreender plenamente as dificuldades associadas à noção *primitiva* – e, por isso mesmo, *indefinível* – de conjunto; além disso, ele vislumbra o pensamento como dotado da capacidade de reunir, por uma lei, uma pluralidade de elementos em uma totalidade. O conjunto só existe quando um *vínculo* transforma a *diversidade* em uma *unidade*.

4.2. Definições por abstração

Cantor definiu, portanto, os números cardinais e ordinais por abstração, a partir do conjunto a ser enumerado. Esse é provavelmente o aspecto mais criticável de sua teoria no sentido em que *abstrair* é um processo *mental* que não tem a objetividade, nem o caráter formal exigidos pela matemática. As definições fornecidas são insuficientemente rigorosas, até mesmo circulares: elas indicam somente como se pretende obter o que se pressupõe ser já conhecido. A questão é semelhante à que é formulada a propósito da teoria dos irracionais: por que motivo impedir que sejam fornecidas definições em termos de relação de equivalência? Ela merece uma análise tão mais profunda, quanto maior é a resistência de Cantor – consciente, no entanto, dessa possibilidade – em utilizá-la e quanto mais consideráveis são as dificuldades encontradas para aplicar o processo adotado por ele.

Com efeito, a noção de unidade é, em seu entender, primordial: uma vez que o *pensamento* – ao ser capaz de reunir, em um todo, diferentes elementos de natureza diversa – transforma o conjunto em uma *totalidade*, ele deve *extrair* o número, cardinal ou ordinal, desse todo. Considerando um conjunto M, seu cardinal é, "em si mesmo, um conjunto definido, composto por puros uns" que, por sua vez, são os elementos alcançados após o duplo processo de abstração, descrito por Cantor; aliás, ele afirmava a mesma coisa a respeito do ordinal, sem se questionar sobre o que permite distinguir esses "uns", cujos caracteres distintivos haviam sido eliminados pela abstração. No âmbito da concepção cantoriana do que é propriamente a matemática, esse ponto é essencial: é necessário que, entre um conjunto e o número que lhe é atribuído, o *vínculo* seja *direto*; assim, o número cardinal de um conjunto, que lhe é equivalente, é sua "imagem intelectual ou projeção na nossa mente"[52].

Enquanto conjunto, um número transfinito é também uma verdadeira unidade, um todo, em que se verifica a reunião de uma pluralidade de "uns"; reaparecia, assim, a problemática do uno e do múltiplo. Esse *élan* em direção à unidade era, para Cantor, *constitutivo* da matemática; por toda parte em que esta o obrigava a fazer distinções, ele tentou restituir-lhe a unidade, às vezes, mediante o esquecimento do perfeito rigor.

4.3. Cardinalidade e ordinalidade

Dois tipos de números podiam, portanto, ser atribuídos a um conjunto; a relação entre cardinal e ordinal suscitava a questão – diante da qual Cantor manteve-se ambíguo – de atribuir a prioridade a um ou ao outro. O plano das

52. *Ibid.*

Beiträge deixa entender que ele defendia o primado da cardinalidade. No entanto, o próprio conteúdo da teoria afirmava o contrário:

1. O número ordinal deriva do conjunto por um único ato de abstração, enquanto são necessários dois para obter o número cardinal.

2. O conceito de ordinal é muito mais fecundo que o de cardinal por permitir a distinção entre conjuntos com a mesma potência.

3. Apesar da apresentação adotada, Cantor admite que sua teoria dos ordinais é necessária para o desenvolvimento da teoria dos cardinais; o que é ainda mais verdadeiro do que indica sua exposição.

Neste aspecto, o caso dos inteiros finitos é muito instrutivo: por um lado, as *Beiträge* apresentam a teoria dos inteiros finitos sob o título "Os números cardinais finitos", considerando que os "ordinais finitos [coincidem] em suas propriedades com os números cardinais finitos"[53]; por outro, Cantor não forneceu a definição geral desses últimos, salvo ao transformá-los em um caso particular da definição válida para qualquer conjunto. Ele "construiu" **N** a partir de 1 e da operação "sucessor", portanto, em conformidade com o modelo ordinal; aliás, ele sempre afirmou a prioridade da ordinalidade no caso finito. Por exemplo, nos *Grundlagen*:

> No finito, o conceito de número inteiro limita-se a ocupar o segundo plano do ordinal.[54]

Essa prioridade é mais do que somente uma questão de teoria pura, ela tem a ver com a própria natureza do conceito de conjunto, afirmava Cantor nos *Grundlagen*.

53. *G.A.*, p. 325.

54. *G.A.*, p. 181.

O conjunto só existe quando uma lei combina seus elementos; ao transformar uma simples coleção em uma totalidade bem ordenada, essa mesma lei permite atribuir-lhe um número, inclusive, para os conjuntos finitos:

> A enumeração será possível apenas se os elementos enumerados estiverem ordenados em determinada sequência.[55]

E nas *Beiträge*, a noção de tipo de ordem consiste em abranger, "conjuntamente com o conceito de potência, tudo o que se pode imaginar que seja suscetível de uma medida numérica"[56].

No entanto, outros trechos da obra de Cantor dão crédito à hipótese contrária.[57] Em seu pensamento, existe uma *dualidade*, explícita nas *Mitteilungen*: nesse texto, a teoria dos conjuntos é incumbida da tarefa de determinar "diferentes potências das multiplicidades que se apresentam no conjunto da natureza", o que só é possível, acrescentava ele, com a ajuda do desenvolvimento do conceito de número ordinal.[58] No entanto, tal *dualidade* deve ser convertida em uma *unidade* superior. Se, de acordo com Cantor, qualquer conjunto se apresenta naturalmente como uma sucessão de elementos, a noção de potência permite reunir, em uma classe, conjuntos de ordinais diferentes. Assim, "o descontínuo e o contínuo são considerados a partir do mesmo ponto de vista e avaliados segundo uma grandeza comum"[59].

55. *G.A.*, p. 174.

56. *G.A.*, p. 300.

57. Por exemplo, na terceira dissertação sobre os conjuntos de pontos e o estudo inédito de 1884 (cf., *supra*, 2.1. e 2.4.).

58. *G.A.*, pp. 387-388.

59. *G.A.*, p. 152.

Se o tema da unidade da ciência não aparece mais explicitamente nas *Beiträge*, o problema do contínuo[60] continua a agir sub-repticiamente: por um lado, ele diz respeito, evidentemente, à noção de potência; por outro, aparentemente, ele só poderá ser resolvido com a ajuda da noção de ordem. Tendo esbarrado em uma dificuldade insuperável, Cantor constatava a destruição de seu desejo de unidade. Daí, uma exposição lacunar em que, ao evitar a abordagem dessa questão, ele acabou propondo uma apresentação contestável de sua teoria: o que parece ser o mais *natural* e *elementar* precede, em seu texto, o que é prioritário *do ponto de vista teórico.*

5. Epílogo

5.1. As lacunas da teoria

O próprio Cantor não estava satisfeito com seu trabalho, em particular, por não ter encontrado a solução para o problema do contínuo. Aliás, essa não é a única causa, uma vez que a exposição apresenta outras lacunas importantes: além da comparabilidade universal dos cardinais, ficou por demonstrar e justificar o fato de que toda a potência infinita é um aleph, assim como a afirmação de que qualquer conjunto pode ser bem ordenado.

Todas essas questões estão interligadas e, sem encontrar a resposta, Cantor não pôde resolver o problema do contínuo. Ele teve sempre a convicção de que $c = \aleph_1$, ou seja, que a potência do contínuo é o aleph imediatamente superior a $\aleph_0$. No entanto, se não se pode comparar

60. Vale lembrar que o problema do contínuo suscita a questão de saber onde situar a potência do contínuo na sequência crescente dos diferentes alephs.

a potência do contínuo com qualquer aleph, também não se pode colocá-la na escala crescente dos cardinais transfinitos e, menos ainda, demonstrar a igualdade mencionada mais acima. E para comprovar a comparabilidade universal dos cardinais, é necessário mostrar que se dois conjuntos têm potências diferentes, existe um subconjunto de um equivalente ao outro. Mas isso pressupõe o seguinte: qualquer conjunto pode ser bem ordenado e qualquer número cardinal é efetivamente um aleph.

Nas *Beiträge*, Cantor nada afirmava, igualmente, a respeito de um problema grave do qual ele já tinha plena consciência: o aparecimento de paradoxos em sua teoria. Vejamos dois:

1. Seja o conjunto E de todos os conjuntos. De acordo com o teorema de Cantor, tem-se card P(E) > card E; no entanto, por definição de E, P(E) – que é ele próprio um conjunto – está incluído em E, portanto, card P(E) ≤ card E. Daí, contradição.

2. Seja Ω, o conjunto de todos os ordinais. Segundo Cantor, esse conjunto está bem ordenado e, portanto, possui um ordinal α estritamente superior a todos os elementos de Ω; neste caso, ao próprio α. Daí, contradição. Trata-se do "paradoxo de Burali-Forti", nome do matemático italiano (1861-1931) que foi o primeiro a torná-lo público, em 1897; no entanto, ele já era conhecido de Cantor desde 1895.

5.2. A "solução" de Cantor

5.2.1. Pluralidades "consistentes" e "inconsistentes"

O caráter paradoxal desses conjuntos deve-se ao fato de serem "grandes demais". Durante o verão de 1899, Cantor decidiu trocar impressões a esse respeito, por correspondência, com Dedekind.[61] Ele estabeleceu uma distinção entre as "pluralidades absolutamente infinitas ou inconsistentes" e as "pluralidades consistentes", aliás, as únicas que merecem a denominação de conjuntos. As primeiras são constituídas de tal maneira que a "coexistência de todos os [seus] elementos conduz a uma contradição, de modo que é impossível conceber a pluralidade como uma unidade"; por sua vez, as segundas são tais que a totalidade de seus elementos pode ser concebida sem contradição "como um objeto"[62]. Verifica-se como essa distinção coincide com a concepção cantoriana da noção de conjunto. Aliás, ela havia sido antecipada primeiramente nos *Grundlangen*, quando Cantor explicou que o processo de engendramento dos alephs e das classes de números correspondentes é absolutamente sem limite, se não se acrescenta o princípio de interrupção; em seguida, nas *Beiträge*, quando insistiu sobre a noção de totalidade.

Menos bem-sucedidas foram as demonstrações baseadas nessa distinção. O objetivo declarado da primeira carta era o de demonstrar que *todos* os cardinais *são* alephs. Cantor pretendia chegar a essa conclusão ao comprovar, em primeiro lugar, que os seguintes sistemas – ou seja, o de todos os números ordinais, o de todos os cardinais e o de todos os alephs – são multiplicidades *inconsistentes*. Em seguida, ao mostrar que qualquer pluralidade sem cardinal é inconsistente e, inversamente, que o verdadeiro conjunto tem determinado aleph como cardinal;

61. Esta nova correspondência consiste em três cartas dirigidas a Dedekind com uma única resposta deste último. Publicada parcialmente nos *G.A.* (pp. 443-451) e completada em *Dugac 1976* (pp. 259-262), ela foi traduzida em parte para o francês, inicialmente em *Cavaillès 1962* (pp. 238--249) e depois em *Rivenc, Rouilhan 1992* (pp. 208-214). No nosso texto, retomamos alguns elementos da "Introdução" a esta última tradução.

62. *Rivenc, Rouilhan 1992*, pp. 208-209.

daí, resultaria a comparabilidade universal dos cardinais "porque os alephs possuem", acrescentava Cantor, "o caráter das grandezas".[63]

5.2.2. Um axioma implícito em Cantor

Mas, tudo isso depende, em parte, do *teorema da boa ordem*, cuja demonstração pressupõe o *axioma da escolha*.[64] Não era a primeira vez que, por instinto, Cantor o utilizava, sem nunca ter fornecido, de forma manifesta, sua formulação; essa é a primeira razão que torna a demonstração não aceitável. Segunda objeção: ela introduz pluralidades inconsistentes, até mesmo, contraditórias. De modo que, apesar de impedir a formação de conjuntos paradoxais (o de *todos os* cardinais, o de *todos os* ordinais e o de *todos os* conjuntos), a distinção cantoriana não permite demonstrar que todo cardinal é um aleph.

O próprio Cantor estava, visivelmente, pouco convencido, como mostra a segunda carta enviada para Dedekind. Ele invertia o problema. Admitindo que toda pluralidade infinita consistente tem um aleph, ele se formulava a seguinte questão: "Como posso saber que as pluralidades bem ordenadas às quais atribuo números cardinais são realmente conjuntos, ou seja, pluralidades consistentes?"[65] Sua resposta se baseia no que convém designar por uma "pirueta", remetendo o ônus da prova para seu eventual contraditor: do mesmo modo que a consistência das multiplicidades finitas é o "axioma da aritmética" (clássica),

63. *Ibid.*, p. 213.

64. Segundo o axioma da escolha, é possível efetuar escolhas arbitrárias de um elemento em qualquer conjunto, até mesmo infinito; por sua vez, o *teorema da boa ordem* enuncia que qualquer conjunto, inclusive infinito, pode ser bem ordenado (para explicações mais detalhadas, cf., *infra*, 5.3). Cf. Glossário.

65. *Rivenc, Rouilhan 1992*, p. 213.

assim também a resposta afirmativa para a questão formulada é o "axioma da aritmética transfinita ampliada".

5.2.3. Uma distinção obscura

Para Cantor, a consistência de uma pluralidade não estava associada à passagem do finito para o infinito. Se é recusada no segundo caso, ela deve ser rejeitada no primeiro; de modo que, além da aritmética transfinita, verifica-se o desmoronamento de toda a aritmética. Portanto, o problema teria a ver com a noção geral de conjunto. Entretanto, essa ideia – não desenvolvida por Cantor – continuou sendo imprecisa; ele acrescentou que teria desejo de encontrar o amigo para discutir pessoalmente todos esses problemas. Em sua única resposta conhecida, Dedekind confessa não estar "amadurecido" para essa discussão que, neste caso, seria "totalmente estéril" porque, para ele, a distinção proposta por Cantor "ainda não havia se tornado clara"[66]. No entanto, Dedekind fornece uma ajuda preciosa ao interlocutor pela demonstração direta de um teorema relativo à comparabilidade dos cardinais[67]; já enunciado nas *Beiträge*, este não havia sido verdadeiramente demonstrado por ser apresentado como resultante da comparabilidade universal dos cardinais.

O encontro ocorreu, no início de setembro, e a discussão incidiu sobre o paradoxo do conjunto de todos os conjuntos; esse era precisamente o objeto da última carta enviada por Cantor para o amigo. Ele mostrava que a coleção de "todas as classes suscetíveis de serem pensadas" – utilizada por Dedekind em sua demonstração da existência de um conjunto infinito e na qual cada classe é

66. *Dugac 1976*, p. 261.

67. Eis o enunciado do teorema, chamado "Bernstein-Schröder": considerando dois conjuntos, se cada qual tem uma parte equivalente ao outro, eles são equivalentes.

a coleção dos conjuntos com a mesma potência – é uma pluralidade inconsistente.

A leitura dessa correspondência revela um Cantor menos preocupado que um grande número de seus contemporâneos pelas antinomias surgidas no interior da teoria dos conjuntos. Convencido de que só existe conjunto quando uma totalidade é realmente definida, ele pensava, erroneamente, resolvê-las pela distinção entre pluralidades consistentes e inconsistentes. O processo de abstração necessária para a atribuição de um número só é possível quando o conjunto é pensado como uma unidade "acabada". Ainda neste ponto, Cantor desvelava sua falta de interesse pelas questões de lógica e de definibilidade autêntica de alguns conceitos.

5.3. *O axioma da escolha e o teorema da boa ordem*

5.3.1. Como conseguir a "boa ordem" de qualquer conjunto?

Em várias oportunidades, Cantor utilizou, implícita ou explicitamente, o *teorema da boa ordem* segundo o qual todo conjunto pode ser bem ordenado; por toda parte em que há ordem, ele é indispensável. Cantor às vezes forneceu o enunciado do teorema; e, apesar de suas repetidas promessas, nunca chegou a demonstrá-lo. Assim, nos *Grundlangen*:

> Que seja possível colocar sempre qualquer conjunto bem definido sob a forma de um conjunto bem ordenado, eis o que, segundo me parece, é uma lei do pensamento, fundamental, fecunda de consequências e, particularmente, notável por sua universalidade; prometo abordá-la em um estudo ulterior.[68]

68. *G.A.*, p. 169.

A demonstração é apresentada por Zermelo em 1908[69], baseando-a no *axioma da escolha* do qual existem várias formas. Eis uma delas: para qualquer conjunto E não vazio (finito ou infinito), existe uma função *f* de P(E) em E – chamada "função de escolha" de E – que, a qualquer X não vazio, faz corresponder f(X), elemento de X. De cada subconjunto de E, essa função extrai um elemento diferente, o que permite ordenar E de maneira que cada uma de suas partes tenha um elemento inicial. Consideremos, por exemplo, uma infinidade de gavetas que contêm uma quantidade finita ou infinita de meias: o axioma da escolha permite afirmar que é possível, sempre e simultaneamente, proceder à escolha de um par de meias por gaveta. Esse conjunto pode, desse modo, ser bem ordenado, do mesmo modo que, por exemplo, **R**.

O axioma da escolha não suscita qualquer problema quando se tem um conjunto *finito* de conjuntos não vazios ou quando uma *regra explícita* indica como efetuar a escolha de um elemento em cada um dos subconjuntos considerados. No primeiro caso, a operação faz-se em um número finito de etapas; no segundo – por exemplo, o de **N** –, associa-se seu elemento menor a qualquer parte não vazia de **N**. Um procedimento semelhante é válido para um conjunto composto por uma infinidade de intervalos fechados de **R**, dois a dois, disjuntos: basta tomar o elemento menor de cada um dos intervalos.

69. Ernst Zermelo, *Nouvelle Démonstration de la possibilité du bon ordre*, 1908, trad. e introd. de F. Longy, in *Rivenc, Rouilhan 1992*, pp. 335-366 (uma grande parte do que se segue é extraído dessa "Introdução"). Ernst Zermelo (1871-1953), editor das obras completas de Cantor, dedicou o essencial de seus trabalhos à teoria dos conjuntos.

5.3.2. Um axioma polêmico...

O problema é mais complicado quando se admite a *possibilidade* de tal escolha sem *explicitar sua lei*: isso equivale a admitir a existência de uma função sem poder *defini-la* ou afirmar a existência de um conjunto dotado de tal propriedade sem ter o mínimo recurso para *determinar* seus elementos. Esse é precisamente o caso para **R** ou para o conjunto formado por pares de meias, definido mais acima. A questão formulada é a da legitimidade de admitir, no campo dos objetos matemáticos, funções cujos valores *não podem* ser especificados, ou conjuntos cujos elementos *não podem* ser caracterizados.

Eis por que esse axioma – que, "certamente, não poderá ser reduzido a um princípio mais simples", afirmava Zermelo[70] – foi, e continua sendo, extremamente contestado; em particular, foi atacado por todos os precursores e partidários do *intuicionismo* que não admitiam a definição de um conjunto sem que, *efetivamente*, fosse indicada com precisão a lei de formação de seus elementos. No entanto, Zermelo observou a utilização frequente do axioma da escolha, de maneira instintiva e implícita, por alguns de seus contestadores; por sua vez, Russell – que questionava sua evidência lógica – descobriu que vários teoremas importantes da teoria dos conjuntos dependiam desse axioma.

5.3.3. Porém um axioma necessário para Cantor

É evidentemente neste domínio que sua utilização é, muitas vezes, necessária e não somente para demonstrar o teorema da boa ordem. Ele torna válido o princípio de indução transfinita[71]; a igualdade $m^2 = m$ (para qualquer

70. *Rivenc, Rouilhan 1992*, p. 337.

71. Cf., *supra*, nota 45.

cardinal transfinito *m*)[72] lhe é equivalente; alguns teoremas sobre a adição dos cardinais são uma de suas consequências; ele é indispensável para demonstrar que qualquer conjunto infinito contém um conjunto enumerável e que a reunião de uma infinidade de conjuntos enumeráveis é um conjunto enumerável. Todos esses enunciados são encontrados em Cantor, de modo que, de maneira geral, *a teoria cantoriana das potências tem necessidade do axioma da escolha*; ele permite, igualmente, mostrar que a distinção entre pluralidades consistentes e inconsistentes é inoperante, mas não consegue verificar a hipótese do contínuo.

Ficou demonstrado, também, que o teorema da boa ordem, assim como o teorema sobre a comparabilidade dos cardinais, são enunciados equivalentes ao axioma da escolha.[73] A partir da década de 1920, assiste-se à ampliação da lista de tais enunciados e, portanto, dos teoremas que dependem do axioma da escolha em diversos domínios: particularmente, na análise e na álgebra. Um teorema extremamente importante para a matemática, e equivalente ao axioma da escolha, é o *lema de Zorn*.[74]

---

72. Essa igualdade é uma consequência do resultado demonstrado por Cantor (cf., *supra*, 3.1.4): a.b = card (M x N), com M = N, portanto, b = a = m. Em particular, $\aleph^2 \underset{0}{=} \aleph$ e $c^2 = c$.

73. Com esta dupla consequência: o teorema da boa ordem foi tão contestado quanto o axioma da escolha; além disso, o primeiro pode ser transformado em axioma, o outro em teorema. Neste ponto, nada de novo: na geometria, pode-se considerar como axioma "a soma dos ângulos de um triângulo é igual a 180°", além de transformar o postulado de Euclides sobre as paralelas ("de um ponto fora de uma reta, pode-se traçar uma, e somente uma, paralela a essa reta") em um teorema. Em 1963, procedeu-se ao recenseamento de um número, superior a cem, de proposições equivalentes ao axioma da escolha.

74. Do nome do matemático norte-americano de origem alemã Max Zorn (1906-1993), que fez tal demonstração em 1934. O enunciado é o seguinte: qualquer conjunto ordenado, no qual todo subconjunto não vazio e totalmente ordenado admite um majorante, possui, no mínimo, um elemento máximo, ou seja, tal que nenhum elemento do conjunto seja estritamente maior.

Finalmente, recusar o axioma da escolha é provocar o desmoronamento de numerosas vertentes da matemática ou, no mínimo, complicar enormemente determinadas demonstrações. Eis por que ele faz parte, comumente, da lista de axiomas da teoria dos conjuntos.

5.4. Axiomatização da teoria dos conjuntos

5.4.1. O paradoxo de Russell

A aparição dos paradoxos implicou uma revisão total da teoria cantoriana. O paradoxo descoberto por Russell – e comunicado a Frege em 1902 – é o mais grave por atingir o próprio cerne dessa teoria ao mostrar que determinado conjunto, cujos elementos correspondem a uma propriedade especificada sem ambiguidade – um "conjunto bem definido", no sentido de Cantor –, é contraditório. Alguns conjuntos são elementos de si mesmos (o conjunto dos objetos inanimados é um objeto inanimado), o que não ocorre com outros (o conjunto dos homens não é um homem). Portanto, parece legítimo falar do conjunto dos conjuntos que não se contêm a si mesmos como elementos, por exemplo, $E = \{x \; ; \; x \notin x\}$. Se E é elemento de si mesmo ($E \in E$), E não é elemento de si mesmo, por definição de E ($E \notin E$); se E não é elemento de si mesmo ($E \notin E$), E é elemento de si mesmo por fazer parte de E ($E \in E$). Daí, contradição: $E \in E \rightarrow E \notin E$ e $E \notin E \rightarrow E \in E$.

5.4.2. Diferentes respostas aos paradoxos

Frege reconhecia o desmoronamento de sua teoria de aritmética, mas sem grande desânimo por constatar que "todos aqueles que, em suas provas, utilizaram extensões de conceitos, classes e conjuntos estavam na mesma situação"[75]. Esse é o caso de Cantor, em particular, no sentido em que o processo da diagonalização[76] faz intervir o "conjunto de Russel". Em decorrência do ponto de vista adotado, as respostas para os paradoxos orientam-se segundo três eixos.

Na *teoria lógica dos tipos*, desenvolvida a partir de 1908, Russel hierarquizava os objetos matemáticos (indivíduos, funções e classes de indivíduos, funções de funções, classes de classes, etc.) em diferentes tipos; ao impor restrições sobre a formação das classes e das funções, ele evitava os círculos viciosos que se encontram na origem dos paradoxos. Brouwer considerava que estes últimos resultavam de uma utilização abusiva do infinito. Ele admitia apenas raciocínios e objetos correspondentes a uma intuição, além de impor exigências severas à noção de existência matemática. Tal é o programa *intuicionista*, cujas bases são lançadas desde 1907.[77]

A resposta mais clássica é a *axiomatização* da teoria dos conjuntos. O teorizador do "pensamento axiomático" foi Hilbert que, em 1899, axiomatizou a geometria: os pontos, retas e planos já não são considerados como objetos, nem os axiomas como proposições evidentes sobre esses objetos, mas como um "domínio de coisas" a propósito das quais se estabelecem relações fundamentais. Neste caso, as questões se formulam não sobre o *conteúdo intuitivo* dos axiomas, mas sobre o fato de que estes têm de evitar qualquer contradição e de que, a partir deles, é possível deduzir *mecanicamente* os teoremas. Hilbert procede da mesma forma com o conjunto ordenado dos números

75. Gottlob Frege, *Grundgesetze der Arithmetik II* [Leis fundamentais da aritmética, vol. 2], Jena, Pohle, 1903, p. 253.

76. Cf. cap. III, 1.3.

77. Sobre o matemático holandês Luitzen Brouwer (1881-1966), seus precursores (dos quais Kronecker e Poincaré) e o conjunto desse programa, cf. Jean Largeault, *L'Intuitionisme*, Paris, PUF, "Que sais-je?" nº 2684, 1992.

reais. Os primeiros passos desse gênero de axiomatização já haviam sido dados em torno de 1890: por Dedekind e Peano em relação à aritmética; e por Frege, em um estado de espírito completamente diferente, em relação à lógica.

5.4.3. Os axiomas de Zermelo

Zermelo foi o autor, em 1908, da primeira axiomatização da teoria dos conjuntos.[78] Seu objetivo consistia em fornecer uma lista de axiomas que permitisse determinar a noção de conjunto sem deixá-la exposta às antinomias, mas preservando suas diversas aplicações. A exemplo de Hilbert, ele considerava um *domínio de coisas* de que fazem parte os conjuntos, entre as quais existe a relação fundamental de *pertinência*: se uma coisa *a* pertence a uma coisa *b*, *b* é um conjunto do qual *a* é um elemento. Em seguida, Zermelo enunciava sete axiomas: (I) dois conjuntos serão iguais se forem constituídos pelos mesmos elementos; (II) a existência de conjuntos elementares particulares (Ø, {a} e {a,b}) ; e (VII) a existência de um conjunto infinito, indispensável para a definição dos inteiros naturais. Por sua vez, os axiomas (III) a (VI) – nos quais se inclui o axioma da escolha – fornecem as regras de formação de novos conjuntos a partir de conjuntos já existentes. O axioma (III) é que permite evitar os paradoxos: a definição de um conjunto por uma propriedade só é possível com a condição de formar um subconjunto de um conjunto já dado.

A partir daí, constrói-se a sequência dos inteiros naturais: 0 corresponde a Ø, 1 a {Ø}, 2 a {{Ø}}, etc.; e, o mais próximo possível do nível intuitivo ou “ingênuo” de Cantor, encontramos todos os resultados da teoria dos conjuntos.

78. Ernst Zermelo, *Recherches sur les fondements de la théorie des ensembles*, 1908, trad. e introd. de F. Longy, in *Rivenc, Rouilhan 1992*, pp. 367-378.

Em seguida, o trabalho de Zermelo será aperfeiçoado por Fraenkel, em 1922; daí, a abreviatura ZF (ZFC, se for aceito o axioma da escolha), atribuída a essa axiomática correntemente utilizada na teoria dos conjuntos.[79] Outra formulação, chamada VNB, data da década de 1930[80] e integra a noção de classe à teoria ZFC, o que permite formalizar a distinção cantoriana entre multiplicidades consistentes e inconsistentes. Os números naturais são definidos da seguinte forma: 0 = card Ø, 1 = card {Ø}, 2 = card {Ø, {Ø}}, 3 = card {Ø, {Ø}, {Ø, {Ø}}}, etc.

Duas questões essenciais, todavia, continuam sem resposta:

1. As da *independência* e da *não contradição* dos axiomas de ZF, que o próprio Zermelo reconheceu não poder resolver. Tudo o que ele pôde afirmar é que as antinomias conhecidas, até então, eram evitadas.
2. A validade da hipótese do contínuo.

Sobre o primeiro ponto, Gödel demonstrou em 1931 que a teoria dos conjuntos, qualquer que tenha sido sua formalização, não pode comprovar por ela mesma sua não contradição.[81] Isso significa que é impossível garantir que, um dia, uma nova contradição não possa surgir da teoria dos conjuntos, qualquer que seja a axiomática adotada. Esse teorema – válido também para a aritmética – não condena a teoria dos conjuntos, nem a matemática; convém

79. Matemático israelita de origem alemã, Abraham Fraenkel (1891-1965) dedicou-se, essencialmente, ao estudo da lógica e da teoria dos conjuntos.

80. Esta denominação tem a ver com os matemáticos Paul Bernays (1891-1965) e John von Neuman (1903-1957): o primeiro era suíço e modificou os axiomas de Zermelo em 1937; por sua vez, o segundo, norte-americano de origem húngara, havia procedido a essa modificação em 1925. Este último é igualmente célebre por ter participado da fabricação da primeira bomba atômica e contribuído para o aparecimento dos primeiros computadores.

81. Trata-se de um aspecto do célebre teorema de incompletude de Gödel.

simplesmente saber que uma eventual refundição da axiomática, provavelmente parcial e em função das necessidades, poderá revelar-se necessária.

Isso é tão verdadeiro que, em vez de ter impedido as pesquisas sobre a teoria dos conjuntos, essa demonstração de impossibilidade, assim como um grande número de outras demonstrações na matemática, acabou por *incentivá-las*. Assim, em relação aos outros axiomas da teoria, o mesmo Gödel demonstrou em 1938 que o axioma da escolha não os contradiz e, inclusive, é independente deles, de acordo com a demonstração de Paulo J. Cohen, em 1962.[82]

5.5. O problema do contínuo

Cantor faz alusão, pela última vez, a esse problema em sua correspondência com Dedekind. Se é verdade que toda potência é um aleph, repetia ele, existe forçosamente um aleph que corresponde ao contínuo linear (ou seja, à "reta real").[83] No entanto, Cantor só podia chegar a um impasse já que o problema do contínuo revelou-se, finalmente, sem solução. Entretanto, um grande número de seus contemporâneos – em particular, Russell e Hilbert – defendiam a validade da hipótese do contínuo. Pelo contrário, por ocasião do Congresso de Heidelberg, em 1904, König apresentou uma demonstração segundo a qual a potência do contínuo não é um aleph; apesar de não ter encontrado falhas nessa demonstração – foi Zermelo quem mostrou que era falsa –, Cantor estava convencido da validade de sua hipótese. A história relata que sua comunicação foi

82. Isso significa que o fato de acrescentar, ou não, o axioma da escolha à lista dos axiomas tem a ver com uma decisão bem fundamentada. Paul J. Cohen (1934-2007), matemático norte-americano, é autor de importantes pesquisas sobre as axiomáticas da teoria dos conjuntos.

83. Cf. cap. IV, 1.2.1.

apresentada no dia seguinte à de König e que, pouco tempo depois do fim do Congresso, o problema do contínuo voltou a ser o tema de um encontro de um pequeno grupo de matemáticos, entre os quais o próprio Cantor, ainda irritado pelo episódio.

Em 1926, Hilbert acreditava ter encontrado a demonstração da hipótese do contínuo, mas ela também era falsa. Em 1940, Gödel mostrou que a hipótese não estava em contradição com qualquer sistema de axiomas, contanto que ele próprio fosse não contraditório; em breve, ele convenceu-se da impossibilidade de resolver o problema do contínuo. Efetivamente, no início da década de 1960, Cohen comprovou que a hipótese do contínuo não era demonstrável, nem refutável, relativamente a qualquer sistema axiomatizado da teoria dos conjuntos. Portanto, pode-se livremente acrescentar a hipótese – ou sua negação, ou qualquer outra conjuntura sobre a cardinalidade do contínuo – ao sistema adotado e, até mesmo, nada pressupor sobre a potência do contínuo; nunca será possível conhecer *absolutamente* o aleph que lhe corresponde. Assim, desfazia-se o sonho de Cantor, o que não impede que os cientistas continuem a empreender diferentes pesquisas sobre o contínuo.

5.6. *Conclusão*

Apesar dos obstáculos, reais ou imaginários, de que Cantor se queixou no decorrer de toda a vida, sua teoria suscitou rapidamente a elaboração de numerosos estudos; as controvérsias, associadas ao tratamento do infinito e do contínuo, não impediram que, na virada do século XX, o panorama da matemática tivesse sido totalmente modificado.

Foi na França que apareceram os primeiros escritos, não redigidos pelo próprio Cantor, sobre a teoria dos conjuntos; aliás, desde 1899, as *Beiträge* são traduzidas para o francês.[84] O debate é, então, particularmente acalorado nesse país: em primeiro lugar, sobre o uso do transfinito; em seguida, a propósito do axioma da escolha. Entre seus detratores, encontra-se Poincaré. As ideias de Cantor também começaram a suscitar interesse na área da filosofia da matemática.[85]

Na Itália, a primeira parte das *Beiträge* foi traduzida em 1895. Apesar de algumas críticas, Peano acolheu favoravelmente a teoria cantoriana do transfinito; em seguida, a escola italiana mostrou um enorme interesse por essa teoria. Na Inglaterra, apareceu o primeiro verdadeiro compêndio de teoria dos conjuntos, ao mesmo tempo que Russell estudava com acuidade os trabalhos de Cantor[86]; nos Estados Unidos, Peirce serviu-se deles para desenvolver uma teoria do transfinito bastante semelhante.[87] As *Beiträge* são traduzidas para o inglês em 1915, com uma longa introdução que resumia a obra de seu autor. Por último, no início do século XX, surgiram na Alemanha, assim como na Europa Central e do Norte, os primeiros trabalhos importantes sobre o transfinito e a axiomatização da teoria dos conjuntos.

Assim, a teoria cantoriana dos conjuntos e dos números transfinitos adquiria não só todos os seus direitos, mas tornara-se o objeto de pesquisas ativas por parte dos especialistas da lógica e da matemática; aliás, os matemáticos serviram-se dela, em geral, como fundamento de

84. Cantor, *Sur les fondements de la théorie des ensembles transfinis*, trad. de F. Marotte, J. Gabay, 1989.

85. Em particular, Louis Couturat (*De L'Infini mathématique*, Blanchard, 1896; *Les Principes des mathématiques*, Blanchard, 1905) e Léon Brunschvicg (*Les Étapes de la philosophie mathématique*, Blanchard, 1912).

86. William Henry Young e Grace, *The Theory of Sets of Points*, Cambridge, 1906; Bertrand Russell, *The Principles of Mathematics*, Londres, Allen & Unwin, 1903.

87. Charles S. Peirce (1839-1914), lógico, matemático e filósofo, é sobretudo conhecido por suas pesquisas na área da semiótica (teoria geral dos signos).

sua disciplina. A "revolução cantoriana", mencionada na "Introdução", acabou produzindo seus efeitos: o período *depois* de Cantor pode agora começar. No entanto, ao referir-se de forma tão próxima à noção de infinito e à questão dos fundamentos de uma disciplina, sua matemática apresenta, igualmente, ramificações filosóficas que serão abordadas no capítulo seguinte.

VI
Uma ideia do infinito e da matemática

Em 1883, com os *Grundlangen*, Cantor faz uma primeira incursão, de maneira explícita, na filosofia. Consciente do caráter revolucionário dos números transfinitos, ele empenhou-se em fundamentar sua legitimidade, vinculando-os a uma tradição filosófica e promovendo uma reflexão sobre a existência da matemática. Ele dirigia-se aos matemáticos, mas seu intuito era, igualmente, filosófico, e foi apresentado como tal. E quando, em meados da década de 1880, Cantor deu a impressão de abandonar suas pesquisas no domínio da matemática para publicar seus trabalhos apenas em revistas filosóficas, ele prosseguia um projeto semelhante nos dois artigos publicados nesse momento.[1] Ele dirigia-se aos filósofos e aos teólogos, sem menosprezar a matemática. Assim, nesses três escritos, Cantor procedeu a uma mistura consciente de filosofia, teologia e matemática; delineava-se, nesse instante, um movimento que visava a unidade entre

1. O artigo *Sobre diferentes pontos de vista relativos ao infinito atual* (que designaremos, abreviadamente, *Sobre o infinito atual*) responde a uma carta de G. Eneström, assistente de Mittag-Leffler. As *Mitteilungen* são uma coletânea de respostas dirigidas, no essencial, a teólogos (o título completo do opúsculo de 1890, reunindo esses dois textos, será indicado, abreviadamente, *Sobre a teoria do transfinito*).

ciência, metafísica e fé. No entanto, Cantor tomou as devidas precauções para preservar sua liberdade como matemático.

1. Os três "modos" do infinito

1.1. Infinito potencial e infinito atual

Segundo uma tradição que remonta a Aristóteles, estabeleceu-se a distinção entre dois infinitos: *potencial* e *atual*. O primeiro é um infinito em devir que não pode "atualizar-se" em uma totalidade acabada, seja na ordem da divisão ou na ordem do aumento. Assim, a reta é infinita em potência por ser sempre divisível e suscetível de ser prolongada; o mesmo ocorre com a sequência dos inteiros porque, depois de cada número, vem sempre um outro. Esse infinito matemático que é um *ilimitado* – um indefinido, segundo o termo utilizado por Descartes[2] – não prejudica a prática do matemático que raciocina sempre, segundo Aristóteles, a partir de grandezas *finitas* – um segmento para uma reta, uma sequência finita de inteiros para **N** –, mas que podem ser diminuídas ou aumentadas, quanto se queira.

Por sua vez, o infinito atual é um infinito que *se realiza efetivamente*, atualizando-se em um *todo acabado*. Considerado, durante muito tempo, como inacessível ao conhecimento humano, ele é excluído da matemática e, finalmente, reservado a Deus, o infinito perfeito. No entanto, ao propor os conjuntos infinitos e os números transfinitos, Cantor acabou por transformá-lo em um verdadeiro objeto matemático. Hilbert resume a oposição entre infinito em potência e infinito em ato:

2. René Descartes (1596-1650), importante filósofo e matemático, é principalmente célebre por ter inventado a geometria analítica.

> Na Análise, lidamos apenas com o infinitamente pequeno e com o infinitamente grande como conceito-limite, como entidade em devir, em via de nascer ou de se produzir, ou por outras palavras, com o *infinito potencial*. No entanto, o verdadeiro infinito em pessoa não está aí. Vamos encontrá-lo quando, por exemplo, consideramos a coleção dos números 1, 2, 3, 4, ... ela mesma como uma unidade acabada ou, ainda, quando tratamos os pontos de um segmento de reta como uma coleção que se apresenta à nossa frente no estado de totalidade acabada. Essa espécie de infinito é designado por *infinito atual*.[3]

1.2. Infinito potencial e cálculo infinitesimal

O infinito potencial é amplamente utilizado em matemática sob a forma do infinitamente pequeno do cálculo infinitesimal, inventado no século XVII por Leibniz e Newton[4]. De acordo com o primeiro, era uma "simples ficção" para abreviar o raciocínio; por sua vez, para o segundo, tratava-se de uma "quantidade evanescente", ou seja, uma ferramenta extremamente poderosa que, durante dois séculos, foi utilizada sem receber estatuto determinado, nem definição precisa. Tal infinito é considerado como um auxiliar de cálculo, cuja única justificativa é a validade dos resultados e sua notável aplicabilidade às ciências naturais; é simplesmente uma grandeza variável, sempre finita, mas *tornando-se* tão pequena quanto se

---

3. David Hilbert, *Sur L'Infini*, 1926, trad. de Jean Largeault, *Logique mathématique. Textes*, A. Colin, 1972, p. 225.

4. A importância dos trabalhos de Gottfried Leibniz (1646-1716), matemático e filósofo alemão, impede sua apresentação aqui. O físico inglês Isaac Newton (1642-1727), igualmente matemático e filósofo, é conhecido por sua descoberta das leis da gravitação universal.

queira. Por exemplo, a tangente de uma curva é o limite de uma secante quando os dois pontos de interseção M e M' com a curva "se aproximam infinitamente perto um do outro".

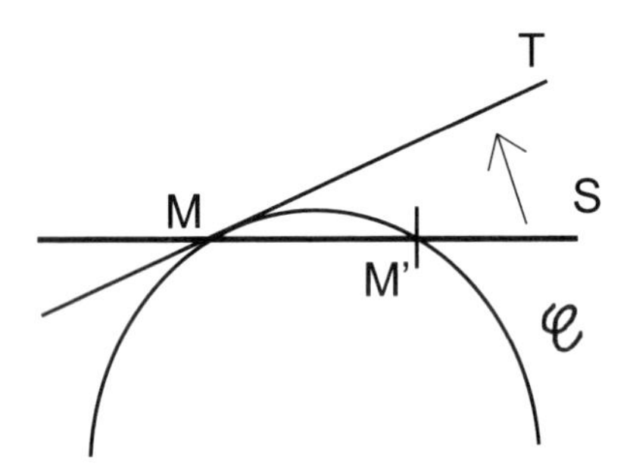

Dir-se-á, igualmente, que a diferença entre o valor de uma função e seu limite torna-se infinitamente pequena: por exemplo, (1/x - 0) e ($1 - u_n$), com $u_n = 1 - 1/n$, são quantidades infinitamente pequenas quando *x* e *n* se "aproximam" do infinito. O mesmo vocabulário seria válido para a definição fornecida por Cauchy a respeito das sequências que receberam seu nome; além do caráter impreciso de suas expressões, o inconveniente desse tipo de linguagem consiste, por um lado, em recorrer a *igualdades* que incidem sobre quantidades das quais se diz, precisamente, que elas são *variáveis* e, por outro, em autorizar operações elementares sobre "objetos" que, propriamente falando, não têm o estatuto próprio de números.

1.3. *Um só verdadeiro infinito matemático*

Com a chegada da aritmetização da análise[5], as definições (em particular, do limite e da continuidade) eliminam as igualdades em proveito de *desigualdades*. Já não se fala

5. Cf. cap. II, 2.

de *quantidade infinitamente pequena*, mas de *quantidade inferior a qualquer valor positivo dado*.[6] Desde 1882, Cantor contestava que o infinitamente pequeno fosse um verdadeiro infinito:

> A maior parte das dificuldades de princípio que têm sido encontradas na matemática provêm, em minha opinião, da ignorância relativamente à possibilidade de uma teoria puramente aritmética das grandezas e dos conjuntos. A esse desconhecimento em particular estão associados os erros daqueles que concebem o infinitamente pequeno como uma grandeza e não como um modo de variabilidade. Do ponto de vista da análise puramente aritmética, não há grandeza infinitamente pequena, mas grandezas variáveis que *se tornam* infinitamente pequenass.[7]

Nos *Grundlagen*, esse infinito é chamado *infinito impropriamente dito*. Sabendo que a invenção dos números transfinitos vai chocar a comunidade dos matemáticos, Cantor sublinhou, desde o início de seu escrito, que o infinito atual já havia sido aceito plenamente na matemática: há muito tempo, com o ponto até o infinito da geometria projetiva, do qual Cantor já tinha falado a propósito da origem do termo "potência"[8]; e na teoria das funções analíticas de uma variável complexa, em que se estuda o comportamento de funções na vizinhança de um ponto até o infinito, do mesmo modo que se procede com um ponto à distância finita. Nos dois casos, "o infinito apresenta-se sob forma determinada" e é designado por Cantor como *infinito*

6. Cf. cap. II, nota 13. Do mesmo modo, a noção de vizinhança evita a afirmação de que um ponto-limite se encontra a uma distância infinitamente pequena de um conjunto de pontos (cf. cap. IV, nota 4).

7. *G.A.*, p. 156, nota 1.

8. Cf. cap. IV, 2.3.

propriamente dito.[9] Nessa mesma categoria, estão incluídos os conjuntos infinitos considerados como totalidades, assim como os números transfinitos recentemente definidos.

1.4. Conciliar ciência e religião

Para facilitar a aceitação da realidade do transfinito, Cantor vai refutar sistematicamente todos os argumentos, filosóficos e matemáticos, tradicionalmente opostos à admissão dos *números infinitos em ato*. Ele baseava-se, igualmente, em um diálogo fecundo com os teólogos de seu tempo que se situava no duplo contexto de uma recusa pessoal de prosseguir o debate com os matemáticos e de uma nova orientação dada pela Igreja – na pessoa de Leão XIII (1810-1903), papa a partir de 1878 – à relação entre ciência, filosofia e teologia. Em uma encíclica de 1879, o sumo pontífice sublinhava que os dois pretensos grandes males da época, ou seja, o ateísmo e o materialismo, eram oriundos não da ciência, mas de uma falsa filosofia, cuja consequência redundava em uma visão imprópria da natureza. Além da possibilidade de tirar proveito da filosofia escolástica[10], a ciência deveria estar a serviço dos ideais e objetivos da Igreja.

Apesar das resistências de uma parte do clero romano, a via indicada por Leão XIII suscitou um novo interesse pela ciência entre os eclesiásticos. Alguns tentaram, então, conciliar os trabalhos de Cantor sobre o transfinito com a doutrina do catolicismo. Assim, no preciso momento em que ele se queixava da reação da comunidade dos matemáticos a seu respeito e, mais tarde, do ostracismo a que havia sido votado pelos representantes de sua confissão de origem, Cantor encontrava conforto e inspiração junto aos

9. *G.A.*, p. 166.

10. A Escolástica foi o ensino filosófico, em coordenação com a teologia e baseado na leitura comentada dos antigos (sobretudo, Aristóteles), ministrado na universidade, aproximadamente, entre os séculos X e XVII.

representantes eminentes da Igreja. Ao mesmo tempo, e em conformidade com sua profunda religiosidade, ele fazia questão de insistir sobre a especificidade da infinitude de Deus:

> O verdadeiro infinito ou Absoluto, que está em Deus, não precisa de qualquer determinação. E isso sem qualquer contestação porque, em meu entender, o princípio "*omnis determinatio est negatio*" não pode ser questionado.[11]

Agora, vamos analisar, de forma mais detalhada, o procedimento adotado por Cantor a propósito dos três "tipos" de infinito, cuja separação é cuidadosamente empreendida por ele:

1. O infinitamente pequeno ou infinito impropriamente dito que não é um infinito autêntico.
2. O transfinito ou infinito propriamente dito, definido por Cantor.
3. O infinito absoluto que pertence apenas a Deus.

2. O *"bacilo" do infinitamente pequeno*

2.1. Contra o infinitamente pequeno como quantidade

O termo do subtítulo foi utilizado pelo próprio Cantor quando, em 1893, acusou o colega Thomae pelo fato de "ter infetado a matemática com o bacilo do cólera dos infinitesimais"[12]. Para compreender esse ataque, convirá

11. *G.A.*, pp. 175-176. Essa expressão latina significa: "Toda determinação é negação".

12. Carta enviada a Vivanti em 13 de dezembro de 1893; cf. Herbert Meschkowski, "Aus den Briefbüchen Georg Cantors" [Extratos da correspondência de Georg Cantor], in *Archive for History of Exact Sciences* 2, 1965 (daqui em diante, *Meschkowski 1965*), p. 505. Johannes Thomae (1840-1921), especialista alemão, com grande reputação na época, de-

recuar dez anos: as razões que levam Cantor a defender sua teoria do transfinito são as mesmas que o conduzem a rejeitar o infinitamente pequeno como *quantidade*. Com efeito, no mesmo instante, desenvolviam-se na Alemanha – e, em seguida, na Itália – teorias matemáticas do infinitamente pequeno *atual*; aliás, algumas utilizavam seus próprios resultados. Cantor condenava tais teorias e não as concepções dos inventores do cálculo infinitesimal. Nos *Grundlagen*, ele insistiu sobre a utilidade científica do infinito potencial, sem deixar de sublinhar sua verdadeira significação, ou seja, a "de uma grandeza variável, crescente para além de qualquer limite ou, então, decrescente quanto se queira, mas permanecendo sempre finita"[13].

2.2. *O infinitamente pequeno atual é um absurdo*

2.2.1. Contra uma grave confusão

O infinitamente pequeno não é, afirmava Cantor, um "mal infinito", tanto mais que ele é fecundo na matemática e nas ciências naturais; o problema é que as teorias criticadas se baseiam em uma confusão entre infinito impropriamente dito e infinito propriamente dito, transformando o primeiro "à força" no segundo. E mesmo que tal transformação fosse possível, seu resultado já não dependeria do cálculo infinitesimal tradicional; desprovidas de uma base sólida, tais teorias devem ser "abandonadas e deve ser reconhecida sua futilidade"[14]. O ataque foi vigoroso, mas ainda pouco argumentado; a exemplo de sua

fendia um formalismo radical na matemática, considerada por ele como um simples jogo a partir de signos destituídos de sentido.

13. *G.A.*, p. 165.

14. *G.A.*, p. 172.

atitude no texto *Sobre o infinito atual*, Cantor mostrava-se simplesmente cético.

2.2.2. O axioma de Arquimedes

A rejeição das teorias dos infinitamente pequenos, elaboradas na época, é fundamentada, do ponto de vista matemático, somente nas *Mitteilungen*: nessa obra, Cantor pretendeu mostrar *formalmente* que as "grandezas infinitamente pequenas em ato são coisas do pensamento contraditórias em si"[15]. Sabe-se que ele identificou a reta com o conjunto dos números reais. Em seu entender, todas as grandezas numéricas são *representáveis* por segmentos de reta contínuos e limitados; além disso, enunciou um teorema segundo o qual é impossível a existência de grandezas numéricas lineares não nulas, menores que qualquer grandeza linear finita arbitrariamente pequena.

Com efeito, se tais grandezas existissem, elas seriam menores que 1/n, para qualquer inteiro *n* finito; neste caso, estariam em contradição com o conceito de grandeza numérica linear, caracterizado pelo fato de que, mediante o acréscimo a si mesma de um número finito ou infinito de vezes, ela dá ainda uma grandeza linear. A argumentação é a seguinte: se ξ é uma grandeza infinitamente pequena atual, o produto $\xi.n$ permanece infinitamente pequeno, mesmo que *n* seja um número transfinito: nunca será possível obter $\xi.n > b$, para *b* grandeza linear finita dada. O produto de um infinitamente pequeno por um inteiro, por maior que ele seja, permanece infinitamente pequeno. A existência de grandezas infinitamente pequenas estaria

15. *G.A.*, p. 407.

em contradição com o *axioma de Arquimedes*[16]: considerando dois reais positivos a e b tais que a < b, existe um inteiro n tal que na > b.

Axioma de Arquimedes (a < b e 5a > b)

No entanto, a demonstração não é convincente. Cantor substituía simplesmente um axioma por outro, utilizando implicitamente um princípio de continuidade – enunciado mais tarde por Hilbert, segundo o qual $\lim_{n \to \infty} \frac{1}{n} = 0$. Em poucas palavras, para Cantor, é impossível a existência de grandezas *não arquimedianas*; além de se opor, por princípio, ao infinitamente pequeno em ato, ele afirmava, por um teorema, que a existência de grandezas infinitesimais é incompatível, do ponto de vista matemático, com um axioma reconhecido e com sua teoria do transfinito; e ele estava convencido da impossibilidade de chegar, por outra via, a uma conclusão diferente.

2.2.3. Contra os sistemas não arquimedianos

Apoiando-se ainda nesse teorema, Cantor rejeitou as teorias de Du Bois-Reymond e de Stolz, baseadas na rejeição do axioma de Arquimedes.[17] Aliás, para ele, em vez de

16. Arquimedes (287-212 a.C.) é, ao lado de Euclides, o maior matemático da Antiguidade. De fato, esse axioma foi forjado por Eudóxio (Euclides, *Elementos*, X, prop. 1). Sobre a história desse axioma, cf. Jean-Louis Gardies, *Pascal entre Eudoxe et Cantor*, Paris, Vrin, 1984.

17. Paul du Bois-Reymond (1831-1889), matemático alemão, criou, a partir de 1875, um "cálculo infinitário", definindo uma relação de ordem entre "grandezas infinitamente pequenas", baseada no limite da razão de duas funções. Otto Stolz (1842-1905), matemático austríaco, desenvolveu suas teorias a partir de 1880.

um *axioma*, trata-se de um *teorema* sobre o conjunto dos números reais: inseparável da noção de "linearidade", resulta "por imposição lógica do conceito de grandeza linear"[18]. Portanto, pela rejeição do caráter axiomático deste conceito, Cantor foi levado a refutar as tentativas de construção de sistemas *não arquimedianos*: tal operação é impossível pelo simples afastamento do axioma de Arquimedes já que, de fato, trata-se de um teorema[19]. Ao negá-lo, os infinitesimais são necessariamente contraditórios.

Em 1893, Vivanti retomou a polêmica. Além de escrever para Cantor que sua rejeição dos infinitesimais era injustificada, ele manifestava-se em favor de Du Bois-Reymond:

> Suas ordens de infinidade das funções constituem uma classe de grandezas lineares, incluindo elementos infinitamente pequenos e infinitamente grandes. Portanto, não há dúvida de que **vossas** afirmações não podem ser válidas para o conceito mais geral de grandeza.[20]

A resposta de Cantor foi extremamente violenta. Com sua teoria, afirmava ele, Du Bois-Reymond encontrou um "excelente alimento para satisfazer sua ardente ambição e sua vaidade"[21]; e manteve o mesmo tom rude em outra carta enviada para Vivanti, em 1893, tornada pública dois anos mais tarde. As ordens de infinidade de Du Bois-Reymond não merecem o nome de grandezas; os resultados de seu cálculo infinitário têm seu "lugar na lixeira das grandezas

18. *G.A.*, p. 409.
19. Antes de Cantor, Blaise Pascal (1623-1662) e Bolzano haviam proposto demonstrações circulares do axioma de Arquimedes.
20. *Meschkowski 1965*, p. 505.
21. Carta enviada a Vivanti, em 13 de dezembro de 1893 (*Meschkowski 1965*, p. 505).

de papel", escrevia Cantor.[22] E acrescentava que as teorias de Thomae, Stolz e Du Bois-Reymond deveriam ser "consideradas no nível semelhante aos quadrados circulares e aos círculos quadrados". Elas correspondiam a um completo contrassenso a ser lançado no lixo, em vez de ser enviado para a gráfica: aceitar o infinitamente pequeno atual é uma pura loucura. Contrariamente aos números transfinitos, os infinitesimais *não são* verdadeiros números.

2.3. Contra os infinitesimais e os "pseudotransfinitos" de Veronese

Ainda segundo Cantor, as teorias de Veronese também não eram melhores.[23] Já em 1890, ele manifestava-lhe o horror que experimentava pelos infinitesimais e o acusava por ter defendido princípios falsos que o levaram a afirmar a existência de grandezas infinitamente pequenas. Suas concepções merecem uma atenção particular porque Veronese havia introduzido também números infinitamente grandes. Tendo fundamentado sua rejeição pelos infinitesimais sobre sua teoria do transfinito, Cantor devia agora mostrar que uma teoria aparentemente semelhante à sua era errônea. Ele reconhecia a similitude entre a noção de "número de um grupo ordenado", definida por Veronese, e sua própria noção de "tipo de um conjunto simplesmente ordenado". No entanto, ele considerava a teoria do colega

22. Cantor, "Sui numeri transfiniti", in *Rivista di Matematica* 5, 1895, p. 107 (este texto não foi reproduzido nos *G.A.*)

23. O matemático italiano Guiseppe Veronese (1854-1917) trabalhou sobre os fundamentos da geometria. Depois de ter desenvolvido um sistema axiomático da geometria euclidiana, ele construiu uma geometria não arquimediana (*Fundamenta di geometria*, Pádua, 1891). Suas ideias são evocadas em várias oportunidades e, particularmente, na parte final do § 7 das *Beiträge*, dedicado aos tipos de ordem (*G.A.*, pp. 300-301); salvo menção contrária, todas as citações subsequentes são extraídas dessa obra.

como um medíocre plágio da sua; há muito tempo, Cantor estava convencido de que sua própria teoria do transfinito era a única possível. Isenta de qualquer arbitrariedade, sua noção de tipo de ordem "é apenas a extensão natural do conceito de número".

Esse é o motivo recorrente que o levou a condenar a teoria de Veronese a partir de uma base matemática e o impeliu a prevenir todo o mundo, incluindo seu autor, de seus múltiplos erros: o primeiro residia na definição da igualdade de dois números. O critério de Cantor – dois conjuntos têm o mesmo tipo de ordem se, e somente se, existe uma bijeção de um sobre o outro, respeitando a ordem dos elementos de cada um – "é resultante, com uma necessidade absoluta, do conceito de tipo de ordem e não admite qualquer espécie de modificação". O desconhecimento desse fato, afirmava Cantor, era "a causa principal do grave erro" cometido por Veronese ao definir a igualdade da seguinte maneira:

> Os números, cujas unidades se correspondam univocamente e na mesma ordem – e tais que *um não seja uma parte do outro, nem igual a uma parte do outro – são iguais.*[24]

Existe aí um círculo vicioso, no sentido em que essa definição da igualdade de dois números pressupõe que, em primeiro lugar, seja definida sua desigualdade ("nem igual..."). Para essa determinação, convém inicialmente saber quando dois números são iguais ou não. Daí, uma definição da igualdade que pressupõe uma definição da igualdade que, por sua vez, pressupõe que seja definido o que é, e não é, igual, e assim por diante, indefinidamente...

24. Cantor cita a tradução alemã da obra de Veronese, insistindo sobre a última parte da frase.

Ao sacrificar voluntariamente o que fundamenta a comparação entre os números, nada existe de surpreendente em verificar que Veronese opera com seus números "pseudotransfinitos"[25] na ausência total de regras; daí, propriedades de que eles são desprovidos "por existirem apenas no papel". Veronese chegou, assim, a um resultado que contradiz a não comutatividade da multiplicação dos ordinais transfinitos: $2.\infty_1 = \infty_1.2$ (em que ∞_1 é o número de um grupo ordenado infinito). Uma vez que, para Cantor, sua teoria era absolutamente indiscutível, enquanto a de seu adversário desrespeitava determinadas leis, os "transfinitos" de Veronese eram inadmissíveis; em sua mente, o assunto estava encerrado.

Cantor opunha-lhe um argumento suplementar, destinado a contestar todas as teorias dos infinitesimais. No que ele designava por "natureza no sentido amplo" (ou seja, "o domínio do possível", indicava ele com precisão), não existem grandezas infinitamente pequenas atuais.[26] Ao sublinhar o vínculo estabelecido entre a *realidade* dos números transfinitos e as ideias *verdadeiras* decorrentes diretamente dos conjuntos, ele desafiava Veronese a adotar o mesmo procedimento com seus infinitesimais: ou seja, exibir um ou vários conjuntos que seriam o suporte desses infinitesimais, tais como ω e $\aleph_0$ são diretamente abstraídos de **N**. Convencido de que tal tentativa era, por natureza, impossível, Cantor considerava os infinitesimais como sem sentido. Se alguém desrespeitar o axioma de Arquimedes e as leis da aritmética transfinita, desenvolvidas por ele, estará contrariando as "imposições lógicas" de suas descobertas. Daí, esta "advertência" a Veronese em uma carta enviada para Peano:

25. A palavra é forjada pelo próprio Cantor.

26. Carta enviada a Veronese em 6 de outubro de 1890 (retomada em "Sui numeri transfiniti", p. 105).

> [Que ele] decida, portanto, dizer com heroísmo "enganei-me", o que é simplesmente humano: *Errare humanum est.*[27]

2.4. *Em favor ou contra o axioma de Arquimedes*

2.4.1. Uma "boa questão"

A polêmica entre Cantor e os defensores de uma teoria consistente dos infinitesimais tem a ver com a aceitação ou rejeição do axioma de Arquimedes e, finalmente, de concepções divergentes sobre o contínuo. Foi Mittag-Leffler quem, de forma criteriosa, formulou tal questão, desde 1883. É possível completar a sequência dos inteiros – a fim de obter um conjunto contínuo –, acrescentando, a cada um deles, todos os reais compreendidos entre 0 e 1 (ou seja, sequências decimais ilimitadas); sabe-se, também, definir o infinitamente grande como número. A partir daí, não seria possível definir, igualmente, determinados números infinitamente pequenos que viessem a *se insinuar*, no sentido de uma interpolação, entre os racionais e os irracionais?

Tais tentativas estão votadas forçosamente ao fracasso, respondeu Cantor nos *Grundlagen*, pelo fato de negarem o axioma de Arquimedes e se basearem em uma concepção errônea do infinitamente pequeno. Petição de princípio de ordem semelhante à que Cantor denunciava ser utilizada pelos detratores de *seu* transfinito. Se, neste ponto, ele era dogmático – quando, em outras oportunidades, era tão revolucionário – é porque sua concepção do contínuo estava em perigo. Em seu entender, o conjunto dos números reais, constituído unicamente por

27. Carta enviada em 9 de novembro de 1895 (*Dauben 1979*, p. 236, nota 72; e *Charraud 1994*, p. 142).

racionais e irracionais, estava *completo*. Nada poderia ser acrescentado: seria impossível haver contínuo "mais contínuo" que o seu. No contínuo cantoriano, não havia lugar para outros números. Ao comparar as grandezas infinitamente pequenas com os números imaginários, Leibniz havia afirmado isso mesmo:

> Essas grandezas e esses números não podem encontrar-se em um contínuo de grandezas reais.[28]

2.4.2. Retorno à hipótese do contínuo

Além disso, tal postura colocaria em perigo a hipótese do contínuo. No pressuposto de que os números reais "padrão" (os de Cantor ou de Dedekind) sejam rodeados por números infinitamente pequenos, seria criado um contínuo muito mais numeroso que o contínuo, "familiar", de **R**. Neste caso, a potência do contínuo correria o risco de tornar-se maior que a potência imediatamente superior à potência do enumerável; daí a ideia de provar que a proposição de Arquimedes é um teorema e não um axioma que pode ser negado.

Mas, como dissemos, a demonstração de Cantor utilizava um axioma que não é mais simples nem mais evidente que o de Arquimedes; ele pode ser negado sem contradição. De modo que todas as teorias dos infinitesimais são *logicamente consistentes*, mesmo que sejam contrárias aos fundamentos da teoria cantoriana dos conjuntos. Os argumentos de Cantor eram suficientemente convincentes para serem retomados por Peano e Russel. A exemplo de Cantor, este último considerava os infinitesimais como

28. Herbert Breger, "Le continu chez Leibniz", in Salanskis e Sinaceur, *op. cit.*, p. 78.

ficções, garantindo que nosso conhecimento completo dos números reais tornava demonstrável sua inexistência:

> Se fosse possível, de certa maneira, falar de números infinitesimais, isso deveria ser em um sentido radicalmente novo.[29]

Eis uma posição parecida da postura de Cantor nos *Grundlagen*:

> No pressuposto de que grandezas infinitamente pequenas propriamente ditas existam de alguma forma, ou seja, possam ser definidas, é certo que elas não têm relação imediata com as habituais grandezas que se *tornam* infinitamente pequenas.[30]

2.4.3. Cantor e a axiomática

A atitude de Cantor tornou-se, em seguida, resolutamente *absolutista*, por causa de sua concepção intuitiva do contínuo, representado perfeitamente pela reta, e da rejeição do ponto de vista axiomático. O único axioma apresentado como tal é aquele que afirma a existência de uma bijeção entre a reta e o conjunto dos reais. Entretanto, na maior parte das vezes, Cantor recorreu a axiomas sem se dar conta disso: indução completa, axioma da escolha, axiomas de Arquimedes e da continuidade. Em seu entender, tais proposições eram tão evidentes e intuitivamente verdadeiras que ele não as explicitava ou, então, não concebia que viessem a ser questionadas. Esse é o motivo de sua crítica contra uma concepção puramente

29. Bertrand Russell, *The Principles of Mathematics*, p. 335.

30. *G.A.*, p. 172.

formal dos infinitesimais que, segundo sua expressão, eram "números de papel", sem existência real.

No entanto, ocorre que a intuição ou a evidência podem induzir em erro. E a cegueira de Cantor fortaleceu-se pelo fato de que a mudança de perspectiva abalaria os pilares de sua teoria. O ponto de vista axiomático era, para ele, totalmente estranho, assim como as questões de lógica. Por mais "moderno" que pudesse ter sido, em outros aspectos, ocorre que às vezes ele se mostrava "retrógrado"[31]; no caso presente, ele tinha razão e, ao mesmo tempo, estava equivocado.

Tinha razão no sentido em que a teoria de Veronese era, em particular, radicalmente diferente da sua; mas estava equivocado pelo fato de que ela é logicamente consistente, portanto, aceitável e, inclusive, extremamente fecunda. À semelhança das geometrias *não euclidianas* que surgiram da rejeição do postulado de Euclides sobre as paralelas, nada impede de negar o axioma de Arquimedes e criar a geometria *não arquimediana*; do mesmo modo, a *análise não padrão*, disciplina tão frutífera, é resultante do estudo dos corpos não arquimedianos[32]. Atualmente, o qualificativo de "clássico" é atribuído à matemática cantoriana, por oposição à matemática intuicionista e não padrão; de fato, o termo "moderno" é, por natureza, relativo.

31. Na história da matemática, seu caso não é isolado: um matemático tão inovador quanto Gauss afirmou a não definibilidade dos inteiros naturais e rejeitou o infinito atual na matemática; por sua vez, um lógico tão criativo quanto Frege travou polêmica com Hilbert sobre a axiomatização da geometria.

32. Ela surgiu na década de 1950 sob o impulso do matemático norte-americano de origem polonesa Abraham Robinson (1918-1974); entre outros, Veronese foi um de seus precursores. Sobre a matemática não padrão, cf. Hervé Barreau e Jacques Hartong (eds.), *La Mathématique non standard*, Paris, Éditions du CNRS, 1989; Salanskis e Sinaceur, *op. cit.* ; e Jean-Michel Salanskis, *Le constructivisme non standard*, Lille, Presses Universitaires du Septentrion, 1999.

3. *O transfinito: um novo infinito atual*

3.1. O infinito atual: uma necessidade no domínio da matemática

A introdução dos ordinais transfinitos nos *Grundlagen* constitui um verdadeiro "ato de superação": Cantor acabou por "tomar essa decisão", lançando-se "com impetuosidade no infinito atual"[33]. Renunciar a esse empreendimento seria abster-se de "avançar mais longe":

> Na verdade, não vejo o que nos poderia deter nesta atividade criadora de novos números, desde o momento em que, para o progresso da ciência, a introdução de uma nova classe de números tornou-se desejável ou, até mesmo, indispensável. Eis o que me parece produzir-se, efetivamente, na teoria dos conjuntos e, talvez, até mesmo, em um domínio muito mais amplo. Sem essa extensão, já não consigo avançar; com ela, alcanço qualquer espécie de resultados inesperados.[34]

Para justificar sua audácia, Cantor invocou uma necessidade interna à teoria; antevendo resistências, ele esperava vencê-las com o decorrer do tempo. No entanto, em primeiro lugar, ele pretendia mostrar que a novidade é relativa, considerando o progresso da matemática. Evidentemente, em 1883, o infinito estava presente, havia muito tempo, na disciplina, mas unicamente como infinito potencial. Gauss, referência para todos os matemáticos do século XIX, proibia o uso das grandezas infinitas; ele considerava o infinito apenas como "uma *forma de falar*", reservada à linguagem dos limites. É compreensível que um grande número de

33. *Cavaillès 1962*, p. 85.

34. Carta enviada a Dedekind em 5 de novembro de 1882 (*Cavaillès 1962*, p. 235).

matemáticos contemporâneos de Cantor tenham experimentado dificuldades para acompanhá-lo em um terreno tão movediço.

Para ele, os números transfinitos eram tão *reais* quanto os inteiros finitos ou os irracionais. O transfinito não era simplesmente um infinitamente grande, um "finito variável", "uma grandeza capaz de crescer para além de qualquer limite finito", ou seja, um *infinito potencial*, mas uma "quantidade constante [...] que se encontra para além de todas as grandezas finitas"[35]. Contrariamente ao infinitamente pequeno, o transfinito *é* um *infinito atual* ou *infinito propriamente dito*, como o ponto até o infinito da geometria projetiva ou da teoria das funções analíticas.

No entanto, a analogia fica por aí porque, neste último caso, "o ponto permanece isolado no infinito do plano dos números complexos, diante de todos os pontos que estão no finito"[36]. Pelo contrário, há uma *infinidade* de números transfinitos, associados entre si e aos números finitos por leis aritméticas. Com uma complicação suplementar: essas leis não são semelhantes às da aritmética finita. A complexidade própria ao transfinito e a conflitante história do infinito incitaram Cantor a refutar, em primeiro lugar, os argumentos tradicionais apresentados contra a possibilidade de números infinitos. O objetivo consistia em conceber o infinito não de forma *negativa*, mas *positiva*, a exemplo de Bolzano, que havia transformado os paradoxos associados ao axioma de Euclides sobre o todo e a parte em uma caracterização dos conjuntos infinitos.[37]

35. *G.A.*, p. 374.

36. *G.A.*, p. 166.

37. Cf. cap. III, 1.1.3.

3.2. Contra alguns argumentos tradicionais

3.2.1. Uma velha petição de princípio

Tratava-se de mostrar que a recusa, pela matemática, do infinito atual, compartilhada pelos matemáticos, filósofos e teólogos, tinha a ver com uma petição de princípio, devida essencialmente a Aristóteles, que havia sido resumida pelos escolásticos da Idade Média na fórmula "*infinitum actu non datur*"[38]. Eis os diferentes argumentos contestados pela teoria do transfinito de Cantor.

Os dois primeiros, herdados de Aristóteles, são os seguintes:

1) haveria apenas números *finitos* porque a *enumeração* só é possível relativamente a conjuntos finitos; 2) se o infinito existisse, ele *absorveria* e *destruiria* o finito. A teoria dos ordinais comprovava o contrário. Certamente, há uma diferença "essencial e indelével por natureza" entre o finito e o infinito – o ordinal de um conjunto finito é independente da ordem de sucessão de seus elementos, o que é, em geral, falso dos conjuntos infinitos –, mas ela não autoriza a negar a existência dos números infinitos, conservando ao mesmo tempo a dos números finitos; pelo contrário, elas são interdependentes. "Se uma for deixada de lado, será necessário livrar-se também da outra", afirmava Cantor[39], que contestava o segundo argumento pelo seguinte resultado: tem-se efetivamente $1 + \omega = \omega$; em compensação, tem-se $\omega + 1 \neq \omega$. Tudo depende das posições *respectivas* do finito e do infinito: ao *preceder* o infinito, o finito desaparece nele; ao *sucedê-lo*, "o finito subsiste e se combina com ele em um infinito novo, por ter sido modificado"[40].

---

38. Expressão que poderia ser traduzida por "o infinito em ato não é dado".

39. *G.A.*, p. 174.

40. *G.A.*, p. 177. É assim que Cantor pensa resolver uma dificuldade encontrada pelo filósofo holandês de origem judaica Baruch Espinosa (1632-1677), defensor da autonomia do homem (o finito) diante de

A ideia geral, oculta por trás desses argumentos, tem a ver com um paralogismo. Pretende-se o seguinte: se determinadas propriedades são contraditórias para os números "tradicionais", elas devem sê-lo também para os novos números; daí, deduz-se a impossibilidade dos números infinitos. Assim, qualquer número inteiro finito é par, ou ímpar, ao passo que um número transfinito combina as duas propriedades ($\omega = \omega.2 = 1 + \omega.2$) ou é desprovido delas (é impossível encontrar um ordinal transfinito α tal que $\omega = 2.\alpha$ ou $\omega = 2.\alpha + 1$).

Esta contradição é apenas aparente, afirmava Cantor com toda a razão, porque uma argumentação semelhante poderia ser oposta a toda a espécie de números. Cantor apresentava o exemplo dos complexos que não são positivos nem negativos, sem que isso tenha impedido, *in fine*, de integrá-los no mundo dos números. Existem outros exemplos: dois números inteiros nem sempre são divisíveis, o que é verdadeiro em relação aos racionais; por sua vez, os reais têm sempre raiz quadrada, o que não ocorre com alguns racionais. Por toda parte, o processo é o mesmo: sempre que se estende a noção de número, deve-se renunciar a determinadas propriedades e acrescentar outras.[41]

O último argumento consistia em negar, entre o *finito* e o *absoluto* – ou seja, Deus – a existência de *modificações* numericamente determináveis. Ora, a teoria dos ordinais

Deus (o infinito). Sem dúvida, Cantor faz referência a um trecho de *Pensées métaphysiques* (cf. Spinoza, *Œuvres I*, trad. de Ch. Appuhn, GF Flammarion, 1964, p. 348). [André Scala, *Espinosa*, São Paulo, Estação Liberdade, col. "Figuras do saber", vol. 5].

41. Continua existindo uma especificidade dos números transfinitos, além do enraizamento histórico dos problemas associados ao infinito atual: a impossibilidade de conferir-lhes uma representação geométrica. É assim que os números complexos, apesar de serem conhecidos desde o início do século XVII, só vieram a adquirir seus plenos direitos quando esse problema foi resolvido, no começo do século XIX.

atualiza uma *graduação* de diferentes infinitos, perfeitamente especificados por números, cuja definição é tão aceitável quanto a definição dos inteiros finitos, mas que não constituem um absoluto. Afirmar que "determinado" e "infinito" são termos contraditórios é um modo de *confundir* não só infinito potencial com infinito atual, mas também *transfinito* com *absoluto*. Ambos são verdadeiros infinitos, mas o primeiro é "suscetível de aumento", enquanto o segundo, por essência, não o é, nem pode ser "matematicamente determinado"[42]. Para Cantor, a oposição verificava-se entre "determinado" e "Deus".

3.2.2. Finitude do homem e infinito matemático

Pode-se, portanto, estender os limites de nosso conhecimento sem "constranger nossa natureza"[43]. Assim, refuta-se uma tese, em particular, defendida por Descartes: a *finitude* de nosso entendimento impedir-nos-ia de conceber números que não fossem finitos. Esse argumento não se sustenta por ser possível definir os números transfinitos. Entre a incapacidade do homem para determinar Deus e sua convicção de que existe um Ser absolutamente infinito, existe lugar para uma parte de infinito em nós; ainda mais se a natureza humana "não fosse em si mesmo infinita em um grande número de aspectos, seria impossível explicar [nossa] convicção e [nossa] certeza relativamente ao ser do absoluto"[44].

Essa aptidão do entendimento humano para definir, entre o finito e Deus, os números transfinitos desmoronava uma ideia defendida por Kant, o qual teria contribuído, de

42. *G.A.*, p. 375. Enquanto, por exemplo, $\omega + 1 \neq \omega$, é impensável acrescentar seja lá o que for a Deus que pudesse aumentá-lo ou modificá-lo.

43. *G.A.*, p. 176.

44. *Ibid.*

acordo com Cantor, para difundir entre os filósofos a ideia falsa de que "o *Absoluto* seria o limite ideal do *finito*"[45] (na realidade, esse limite é ω); ao lançar o descrédito sobre as capacidades da razão, ao basear a matemática unicamente na intuição sensível, Kant teria introduzido, sempre segundo Cantor, a confusão no conceito de infinidade e teria impedido que os matemáticos formulassem corretamente a teoria do transfinito.

Assim, refuta-se uma tese defendida regularmente, na matemática, contra o infinito atual: a finitude do homem seria um empecilho para que ele pudesse definir algo entre o finito e Deus. À fórmula "não existe infinito em ato" da Escolástica, Cantor opunha este novo princípio:

> *Omnia seu finita seu infinita* definita *sunt et excepto Deo ab intellectu determinari possunt.*[46]

3.3. De Leibniz a Bolzano, passando por Pascal

3.3.1. Leibniz e o infinito atual

O princípio escolástico é que, precisamente, estaria na origem das contradições internas a determinadas formulações de Espinosa e, sobretudo, de Leibniz, sobre o infinito atual. Este último, enquanto inventor do cálculo infinitesimal, merece um tratamento peculiar; as dificuldades encontradas por ele poderiam ser explicadas por sua incapacidade para conceber, *do ponto de vista matemático*, entre o finito e o infinito propriamente dito,

45. *G.A.*, p. 375.

46. *G.A.*, p. 176. Princípio que poderia ser traduzido por "Todas as coisas, sejam finitas ou infinitas, são *definidas* e, salvo Deus, podem ser determinadas pelo intelecto."

algo além do infinitamente pequeno. Cantor citava, em primeiro lugar, as seguintes frases:

> Não há número infinito, nem linha, nem outra quantidade infinita, se eles forem considerados como verdadeiros Todos.
> O verdadeiro infinito não é uma modificação, mas o absoluto; pelo contrário, desde que se verifica uma modificação, limitamo-nos ao finito ou formamos um finito.[47]

Se ele concordava com a primeira proposição é porque "Todo" tem aqui o sentido de "absoluto". Ora, isso não corresponde ao infinito matemático que é suscetível de modificações; daí, seu desacordo em relação à segunda proposição. A essas duas referências, Cantor opunha outra, em que se afirmava a realidade do infinito atual, como marca de Deus na natureza:

> Defendo de tal modo o infinito atual que – em vez de aceitar a afirmação corrente segundo a qual ele é rejeitado pela natureza – considero que esta o exibe por toda parte para deixar marcas mais evidentes das perfeições de seu Autor.[48]

Positividade do infinito atual que se encontra em múltiplos trechos da obra de Leibniz, sem que diga respeito à matemática. Com efeito, dois elementos essenciais o impediam de conceber um número infinitamente grande: por um lado, a noção de conjunto infinito *nega* o axioma euclidiano do todo e da parte; por outro, é impossível atribuir um número às diferentes multiplicidades infinitas que

47. *G.A.*, p. 179.
48. *Ibid.* Essa frase serve de epígrafe ao livro de Bolzano, *Paradoxos do infinito*.

existem na natureza porque tal operação estaria em contradição com a *unicidade* pressuposta de cada número. A hierarquia de infinitos pretensamente presente na natureza não tem contrapartida no campo dos números: os infinitamente pequenos são apenas ficções (aceito por Cantor) e não pode existir números infinitamente grandes (contestado por Cantor). Portanto, na matemática de Leibniz, existe apenas o infinito impropriamente dito, como foi indicado com precisão por Cantor, que não deixou de citá-lo profusamente no final de sua análise.

3.3.2. Pascal, precursor de Cantor?

Cantor encontrou um apoio retrospectivo constante sobretudo em Pascal – sem dúvida, impressionado por sua personalidade e por seu pensamento profundamente religiosos e místicos.[49] No texto *Sobre o infinito atual*, ele sublinhava que Pascal, tendo compreendido em seu tempo o caráter contestável dos argumentos analisados nos *Grundlagen*, pronunciou-se "*em favor* dos números infinitos atuais"[50]. Ele fazia alusão a este trecho de *Pensées*:

> Temos conhecimento de que há um infinito, mas ignoramos sua natureza. Como sabemos ser falso que os nú-

49. Sem falar de identificação (cf. *Charraud 1994*, pp. 218-224), convém saber que Pascal contribuiu para o desenvolvimento da geometria projetiva, tendo pretendido demonstrar o axioma de Arquimedes. Seu nome aparece em Cantor desde 1873, no texto *Notas sobre a história do cálculo das probabilidades*, do qual Pascal é o inventor (*G.A.*, pp. 357-367). Para uma análise aprofundada da relação entre este último e Cantor, cf. Jean-Louis Gardies, *op. cit.*, cap. V. Nesse mesmo capítulo, o autor enfatiza o fato de que, na cidade de Coimbra, na segunda metade do século XVI, os jesuítas anteciparam a distinção cantoriana entre enumerável e não enumerável (*ibid.*, pp. 127-132).

50. *G.A.*, p. 372. Pascal não é mencionado na dissertação de 1883.

> meros sejam finitos, portanto, é verdade que há um infinito em número. No entanto, não sabemos o que ele é: é falso que seja par ou ímpar porque, ao acrescentar a unidade, ele não troca de natureza; entretanto, trata-se de um número e qualquer número é par ou ímpar (é verdade que isso se entende a respeito de qualquer número finito)".[51]

Pascal, grande adepto do raciocínio por absurdo, defendia que se sabe, nem que fosse de forma negativa, que existe um número infinito; os argumentos que, tradicionalmente, lhe são opostos valem apenas para os números finitos. Esse ponto de acordo não faz de Pascal um cantoriano precoce. O trecho citado é isolado em sua obra e, sobretudo, ele pensava que é impossível conhecer *diretamente*, ou seja, definir *positivamente*, o infinito numérico: este permanecia inacessível ao entendimento humano. Cantor fez alusão a esse trecho, indicando simplesmente que o cientista francês "havia subestimado a inteligência humana quanto à sua capacidade para conceber o infinito atual"[52]. Eis por que, animado por uma paixão exaltada de Deus e depreciador da alma humana, Pascal insistiu sem tréguas sobre a finitude insuperável do homem, sobre sua pequenez diante da natureza e diante de Deus. Sinais de um pessimismo que não foi compartilhado, de modo algum, por Cantor.

Mas Pascal esboçou também um argumento positivo em favor do infinito atual que Cantor, sem mencionar o filósofo e matemático francês, desenvolveu nas *Mitteilungen*. Sem dúvida, Pascal compreendeu melhor do que ninguém como o infinito potencial *se apoiava* no infinito atual: para ele, a ideia de continuação pressupunha a própria existência de

51. Blaise Pascal, *Œuvres complètes*, Paris, La Pléiade, 1954, p. 1212.
52. *G.A.*, p. 372.

uma base para continuar. Cantor indicou com precisão o argumento:

> Digo que, para passear ou viajar com segurança, um solo e um terreno sólidos, assim como um caminho bem nivelado, são absolutamente necessários. Um caminho que nunca acabe, mas sobretudo que deva ser praticável, e permaneça assim, independentemente do lugar para onde esse trajeto nos conduza.[53]

Ou, dito por outras palavras, se nos encontramos em um caminho e pretendemos dar sempre um passo adiante, convém que esse caminho seja *realmente* infinito. Metáfora que Cantor traduziu deste modo:

> Qualquer infinito potencial (o limite do passeio) requer um transfinito (o caminho seguro do passeio) e não pode ser pensado sem este último.[54]

Os dois matemáticos estão próximos, mas essa proximidade deve ser atenuada: para Pascal, o infinito potencial era o sinal do infinito atual divino que remete ao infinito atual do universo, vivenciado tragicamente pelo homem; por sua vez, Cantor estava convencido de que seus trabalhos garantem a "estrada estratégica do transfinito".

3.3.3. Transfinito e irracionais

O raciocínio é o seguinte: uma vez que as grandezas variáveis (no sentido de um infinito potencial) são necessárias na matemática, em particular na análise (nem que

53. *G.A.*, pp. 392-393, nota 1.
54. *Ibid.*

fosse para definir os irracionais como limites de sequências de Cauchy)[55], existe necessariamente o que Cantor designava como seu "domínio de variabilidade". No entanto, em si mesmo esse domínio não poderia ser algo de variável, sem o qual desabaria a própria noção de variável; de modo que o domínio de valores é um conjunto infinito em ato. Seja, por exemplo, a função *f*, definida por $f(x) = x^2$. A possibilidade de fazer variar *x* de "$-\infty$" a "$+\infty$" só ocorre se o próprio **R** (o domínio de variabilidade de *x*) é um conjunto infinito atual.

Esse é um argumento extremamente poderoso, "irrefutável", afirmava Cantor, em favor do infinito atual na matemática:

> Qualquer infinito potencial, para ser aplicável rigorosamente na matemática, pressupõe um infinito atual.[56]

Ao transformar o segundo em suporte do primeiro, Cantor inverteu uma tese tradicionalmente oposta ao infinito atual. Presumia-se que só era possível conceber o infinito potencial e que éramos incapazes de superá-lo para determinar o infinito atual; pelo contrário, para ser possível pensar o infinito potencial, convém, pelo menos em alguns domínios da matemática, que ele esteja inscrito no infinito atual.

É a noção de limite que Cantor invoca aqui como apoio do transfinito, é este último que a torna possível. Do mesmo modo que qualquer irracional é limite de uma sequência de números racionais, qualquer ordinal transfinito é definido como limite de uma sequência fundamental

55. Mais precisamente, para definir os números reais a partir dos racionais, convém adotar o conjunto desses últimos como infinito em ato. Por ter ignorado essa exigência, a oposição de Kronecker à sua definição dos irracionais é infundada, acrescentava Cantor.

56. *G.A.*, pp. 401-411.

de outros ordinais. Por exemplo, $\sqrt{2}$ é o limite de uma sequência de Cauchy, enquanto ω é o limite da sequência dos números naturais. Com uma restrição a essa analogia: enquanto $\sqrt{2}$ é o número imediatamente superior a todos os termos da sequência que o determinam e enquanto a diferença entre $\sqrt{2}$ e estes torna-se infinitamente pequena, ω verifica apenas a primeira condição já que se tem sempre $\omega - n = \omega$.[57]

Essa restrição não é, entretanto, incômoda, como atesta a refutação dos argumentos de Aristóteles. Portanto, os números transfinitos são, de alguma forma, "novas irracionalidades" e, para Cantor, o melhor método de definição dos irracionais "é, em seu princípio, o mesmo" que o utilizado para os números transfinitos:

> Pode-se afirmar sem restrições: os números transfinitos *mantêm-se ou desaparecem* com os números irracionais finitos. No aspecto mais profundo, sua natureza é a mesma: uns e outros são transformações ou modificações precisamente delimitadas do infinito atual.[58]

3.3.4. Cantor, leitor de Bolzano

Cantor limitou-se a uma rápida referência aos filósofos de seu tempo. Somente as concepções de Bolzano foram detalhadas porque ele é "um filósofo e matemático bastante sutil"[59], tendo defendido com firmeza, a respeito do infinito matemático, uma concepção idêntica à sua; ele introduziu o conceito de conjunto do qual fez derivar uma teoria dos conjuntos infinitos. Daí a aparição de um

57. Esse é o exemplo escolhido por Cantor nas *Mitteilungen* (*G.A.*, p. 395).
58. *G.A.*, pp. 395-396.
59. *G.A.*, p. 179.

verdadeiro infinito *quantitativo*: como os conjuntos infinitos são comparáveis por inclusão estrita, o mesmo ocorre com as grandezas correspondentes que se mantêm distintas. No entanto, tais grandezas não são números, aliás, noção restrita aos conjuntos finitos. Assim, o conjunto dos inteiros naturais é uma totalidade infinita acabada – um infinito atual –, mas é impossível levá-la a corresponder a um número já que um número é uma grandeza finita. Se a distinção entre número e grandeza permitiu a Bolzano proceder a um "cálculo do infinito", ela o impediu de conceber "a extensão do conceito de número ao domínio do infinito"[60].

Bolzano não pode, portanto, ser considerado como fundador da teoria dos conjuntos. Tal mérito é efetivamente atribuído a Cantor, mesmo que sua teoria tenha "recebido em herança algumas das noções essenciais"[61], introduzidas pelo matemático nascido em Praga. Cantor não se encontrava totalmente isolado na frente de combate pela defesa do infinito atual; no entanto, sem deixar de prestar homenagem a Bolzano – "talvez, o único autor para quem os números propriamente infinitos obtiveram alguma legitimidade" –, ele sublinhou, com toda a razão, algumas insuficiências dos *Paradoxos*:

> Faz falta ao autor ter formado efetivamente um conceito geral dos números infinitos determinados; faz-lhe falta, também, o conceito geral de *potência* e o conceito específico de *ordinal*. Sem dúvida, os dois conceitos aparecem, em germe, em seus textos, mas ele não consegue apresentá-los com suficiente clareza e precisão; essa é a

60. Hourya Sinaceur, "Introdução" aos *Paradoxes de l'infini*, p. 26.

61. J. Sebestik, *Logique et mathématique chez Bernard Bolzano*, Paris, Vrin, 1992, p. 334.

> explicação para as numerosas inconsequências e até mesmo vários erros dessa obra de elevado valor.[62]

3.4. *Conclusão*

"Para os leitores atuais, [o texto *Sobre a teoria do transfinito* tem], no essencial, um interesse psicológico e biográfico", afirmava Zermelo.[63] Tal crítica é exagerada, mas é verdade que a forma adotada é bastante confusa, o aprofundamento das teorias expostas é insuficiente e o valor filosófico é contestável. Além disso, condenar uma filosofia, em nome de um fato matemático demonstrado ulteriormente, não é forçosamente a melhor estratégia. Eis por que às vezes completamos e criticamos as análises de Cantor, as quais não podem ter a pretensão de serem exaustivas e dependem de *uma* interpretação da filosofia e da matemática vigentes em sua época. Vamos citá-lo a propósito de um dos pontos mais sólidos de sua argumentação:

> Todas as pretensas provas contra a possibilidade dos números infinitos atuais são errôneas no sentido em que elas exigem a *priori* – ou, melhor ainda, impõem – aos números em questão todas as propriedades dos números finitos. Ora, os números infinitos devem constituir (por oposição aos números finitos) uma espécie inteiramente nova de números, cuja essência é totalmente dependente da natureza das coisas. Trata-se de um objeto de pesquisa [independente] de nossa arbitrariedade e de nossos preconceitos.[64]

62. *G.A.*, p. 180.
63. *G.A.*, p. 377.
64. *G.A.*, pp. 371-372.

Para Cantor – e este é o segundo ponto importante –, existem três maneiras de considerar o infinito atual como existente: em Deus, no qual recebe a denominação de *Absoluto*; concretamente (*in concreto*) na natureza, trata-se do *transfinito* em geral; e como abstração (*in abstracto*) dependendo do conhecimento humano, são os *números transfinitos*. Se deixarmos de lado o Absoluto, daí resultam quatro pontos de vista diferentes sobre o infinito atual:

1. Ele pode ser rejeitado tanto *in concreto*, quanto *in abstracto*. Cantor citava Cauchy e os *positivistas*, ou seja, todos aqueles para quem as certezas são fornecidas unicamente pela ciência experimental, eliminando assim as questões metafísicas.
2. Ele pode ser aceito *in concreto*, mas rejeitado *in abstracto*, como ocorre, entre outros autores, com Pascal, Espinosa e Leibniz.
3. Ele pode ser aceito *in abstracto*, mas negado *in concreto*, de acordo com o procedimento de alguns teólogos da época.
4. Ele pode ser aceito tanto *in abstracto* quanto *in concreto*. Cantor apresentava-se como o primeiro defensor deste ponto de vista e, ao mesmo tempo, tinha a certeza de que não seria o último.

4. *Infinito divino e transfinito*

Nas *Mitteilungen*, Cantor abordou verdadeiramente as questões de teologia, sob a forma de respostas a cartas que lhe foram enviadas, em particular, pelo teólogo alemão Constantin Gutberlet e pelo cardeal Johannes Franzelin.[65] A problemática é anunciada de saída:

65. Essas respostas, fornecidas no período compreendido entre 1884 e 1887, estão reunidas em sete seções; por sua vez, a oitava constitui a exposição da teoria dos tipos de ordem. Entre outros correspondentes, o matemático alemão Rudolf Lipschitz (1832-1903) – cujos trabalhos incidem sobre a análise e a geometria –, Weierstrass e Vivanti.

> Incumbe, especialmente à teologia especulativa, proceder à análise do infinito absoluto e determinar o que pode ser afirmado pelo homem a esse respeito. Por outro lado, as questões relativas ao transfinito dependem, no essencial, da metafísica e da matemática. Há muitos anos que prefiro abordar tais questões.[66]

Além de interpretar esta ou aquela tese filosófica, tratava-se de especular sobre a compatibilidade de uma teoria *matemática*, cujo objeto é o infinito, com uma concepção *religiosa* da infinidade divina.

4.1. Deus, garantia do transfinito

4.1.1. Teologia e matemática: um apoio recíproco

Como era professor tanto de filosofia, quanto de ciências naturais, Gutberlet ficou impressionado com o conteúdo dos *Grundlagen*. Em 1886, escreveu um artigo que resumia a teoria cantoriana dos conjuntos com o objetivo de defender seu próprio ponto de vista sobre a natureza filosófica e teológica do infinito. Para ele, a questão essencial era a da *diversidade* do infinito matemático diante da *unicidade* da infinitude absoluta de Deus. Convencido da existência do infinito atual, postura que lhe acarretou o ataque de alguns teólogos alemães, ele está persuadido de que a matemática cantoriana poderá ajudá-lo a defender essa ideia.

De acordo com uma das teses de Gutberlet, o próprio Deus garante a existência dos números transfinitos de Cantor. Como o espírito divino não está submetido à mudança, a coleção de todos os seus pensamentos deve necessariamente constituir um conjunto fechado, *absolutamente* infinito. Assim, Gutberlet podia deduzir a realidade do

66. *G.A.*, p. 378.

transfinito cantoriano: ou aceita-se a existência do infinito atual ou, então, questiona-se o intelecto infinito e a eternidade do espírito de Deus. Tal análise fortalecia a posição de Cantor, suscitando seu interesse pelos aspectos teológicos de seu trabalho. Existe, portanto, um apoio recíproco: o teólogo encontra no matemático a confirmação de sua defesa do infinito atual *in abstracto*, enquanto o matemático procura no teólogo a garantia de que suas teorias não são contrárias ao ensino da Igreja.

4.1.2. Transfinito e Absoluto

Cantor podia, portanto, defender a ideia de que Deus constitui um apoio para suas concepções; existem vestígios dessa postura antes mesmo de seu diálogo com os teólogos. Mal havia descoberto os números transfinitos, ele agradeceu a Deus: aprouve-Lhe, escreveu Cantor nesse momento, "que eu tivesse conseguido as mais surpreendentes e inesperadas revelações na teoria dos conjuntos"[67]. No entanto, Cantor exprimia-se, neste caso, como místico exaltado e não tanto como teólogo. A linguagem é diferente nas *Mitteilungen*: nesta obra, Cantor afirmava estar convencido de que Deus, pela perfeição infinita de sua natureza, garante "a existência efetiva de um *transfinitum ordinatum*"[68]. Com o seguinte vínculo: do mesmo modo que o infinito potencial só pode ser pensado a partir do infinito atual, assim também "o transfinito remete a um *Absoluto*, 'verdadeiro infinito' que deve ser considerado, do ponto de vista quantitativo, como o máximo *absoluto*"[69]. Assim, ele estava convencido de que sua "teoria é sólida

67. Carta enviada a Dedekind em 5 de novembro de 1882 (*Cavaillès 1962*, p. 233).

68. *G.A.*, p. 400.

69. *G.A.*, p. 405.

como um rochedo". Isso não somente resultava de prolongadas pesquisas mas, sobretudo, afirmava ele, do fato de ter "procurado suas raízes na causa primeira infalível de todas as coisas criadas"[70].

Eis por que ele não ficou, de modo algum, perturbado com a descoberta dos paradoxos. Em seu entender, o absolutamente infinito só podia depender da inteligência divina. Tudo o que vai além do transfinito é absorvido pelo Absoluto. Como Deus, o *conjunto de todos os números transfinitos* pode ser reconhecido, mas permanece incompreensível e inacessível ao homem. Se Cantor não vislumbrava todas as implicações no domínio da matemática associadas às antinomias da teoria dos conjuntos é porque ele transformou tudo isso na marca da existência de um infinito impossível de determinar, pertencente apenas a Deus.

4.2. *Panteísmo e tomismo*

4.2.1. O panteísmo condenado pela Igreja

A teologia e a filosofia estabelecem a distinção entre a *natura naturata* ou "natureza naturada" – ou seja, o conjunto dos seres e das leis criados por Deus – e a *natura naturans* ou "natureza naturante", isto é, Deus enquanto criador e princípio de todas as coisas.[71] A tese da existência concreta do transfinito, portanto, na *natura naturata*, foi sistematicamente atacada por Gutberlet e Franzelin: para o primeiro, o infinito atual material não passa de

70. Carta enviada a Heman em 21 de junho de 1888 (citada em *Dauben 1979*, p. 298; e *Charraud 1994*, p. 154).

71. As duas expressões seriam oriundas das traduções latinas das obras do filósofo árabe Averróis (1126-1198); retomadas, na Idade Média, pelos teólogos, elas se tornaram célebres através de Espinosa. [Sobre Averróis, cf. Ali Benmakhlouf, *Averróis*, São Paulo, Estação Liberdade, col. "Figuras do saber", vol. 15.]

um "possível" que só pode existir nas dimensões *não físicas* da inteligência divina; para o segundo, a tese da existência *in concreto* do transfinito é injustificável e, até mesmo, perigosa, pelo fato de reproduzir o erro cometido pelo *panteísmo*.

Essa "doutrina" – Espinosa foi acusado de defendê-la – acabava de ser formalmente condenada pelo papa Pio IX (1792-1878), célebre por ter proclamado os dogmas da Imaculada Conceição, em 1854, e da infalibilidade pontifical, em 1870. Presumia-se que qualquer tentativa para estabelecer a correlação da infinidade divina com a do tempo e do espaço era a marca do panteísmo.

Apesar de nunca ter pensado em defender a ideia – contrária ao dogma da criação do mundo por Deus – de um tempo que poderia recuar infinitamente no passado, Cantor postulou que o infinito atual existe *in concreto*. Preocupado em encontrar, rapidamente, aplicações para a teoria dos conjuntos, ele julgava que as diferentes potências, tornadas evidentes matematicamente por ele, tinham uma contrapartida no mundo real; ao proceder dessa forma, Cantor dava a impressão de adotar a causa do panteísmo. Para sua defesa, ele escreveu ao cardeal Franzelin que convinha acrescentar à distinção entre o infinito da *natura naturans* e o da *natura naturata* a distinção entre o infinito *absoluto* e inacessível, reservado a Deus, e o infinito *criado* e acessível dos transfinitos, evidenciado pela natureza e exemplificado pelo número infinito (atual) dos objetos do universo. Não há certeza de que o cardeal tenha compreendido realmente a argumentação de Cantor; de qualquer modo, ele afirmou estar satisfeito com sua resposta, garantindo-lhe que seu "conceito de transfinito não coloca em perigo, de modo algum, as verdades religiosas"[72].

72. Citado por Cantor nas *Mitteilungen* (*G.A.*, pp. 385-386).

4.2.2. Cantor defendido pela Igreja

Cantor reivindicará sempre a autoridade de Franzelin para garantir que sua teoria do transfinito não contestava os princípios da teologia; no entanto, a tese do infinito criado era contrária ao pensamento *tomista*[73], que, no pontificado de Leão XIII, se tornara a filosofia oficial da Igreja. Cantor sabia disso e, contra sua vontade, reconheceu que suas pesquisas a contradiziam. Convencido de que a existência *in concreto* do transfinito decorria da natureza infinita de Deus, ele apresentou dois argumentos neste sentido: *a priori*, a perfeição de Deus conduz à *possibilidade* do transfinito, enquanto Sua Bondade e Sua Onipotência levam à *necessidade* de criá-lo efetivamente; *a posteriori*, a aceitação da existência do transfinito na natureza permite que alguns fenômenos produzidos nela sejam mais bem explicados que na hipótese oposta. Em sua resposta, Franzelin criticou a segunda parte do argumento *a priori*:

> Sua opinião infeliz sobre a necessidade da criação torna-se um empecilho relativamente à sua condenação do panteísmo; no mínimo, tal postura irá debilitar a força de persuasão de sua demonstração.[74]

Aparentemente, Cantor concordava com essa observação, sem deixar de afirmar que o debate era o resultado de um mal-entendido; de novo, insistiu sobre a diferença entre o *transfinito*, infinito atual, que, do ponto de vista matemático, pode ser definido, e o *absoluto divino*, que

73. Do nome de São Tomás de Aquino (1227-1274), teólogo e filósofo italiano, cujo pensamento visava conciliar a fé com a razão. Presumia-se que sua *Suma Teológica* continha "a chave para resolver todas as dificuldades da ciência moderna" (*Dauben 1979*, p. 142; e *Charraud 1994*, p. 170).

74. *G.A.*, p. 386.

supera a inteligência humana e é refratário a qualquer determinação no domínio da matemática. Assim, pode-se "encerrar" o debate sobre o panteísmo, embora seja difícil dizer se a razão ficou com Franzelin ou com Cantor; na aparência, em favor deste último, sem que tal conclusão seja segura pelo fato da morte do primeiro em 1886. Tanto a resposta de Franzelin quanto a posição de Cantor em relação à religião e às teses teológicas da época não estão isentas de ambiguidade; de qualquer modo, Cantor afirmava sua total oposição ao panteísmo e sua convicção de que suas concepções permitirão superá-lo.

4.3. A religiosidade de Cantor

4.3.1. Uma missão divina

Como havia desejado seu pai, o pensamento de Cantor estava profundamente impregnado pela religião; no entanto, torna-se difícil avaliar o papel exato que ela teria desempenhado em suas pesquisas. Seria necessário proceder a um estudo aprofundado, impossível neste livro, sem ter a certeza de chegar a uma conclusão. Em 1894, Cantor afirmava que seu desvio pela teologia e pela metafísica era o resultado não das circunstâncias, mas de um desígnio divino; assim, teve a possibilidade de servir melhor a Deus e à Igreja Católica. Ao mesmo tempo, sua crença estava a seu serviço pelo fato de confirmar sua certeza na validade de suas teorias:

> Não tenho qualquer dúvida quanto à veracidade dos transfinitos, reconhecida com a ajuda de Deus, e cuja diversidade estudei durante mais de vinte anos. Em cada ano e quase cotidianamente avanço mais longe nesta ciência.[75]

75. Carta enviada ao padre Jeiler, no Pentecostes de 1888 (citada em *Dauben 1979*, p. 147).

4.3.2. Um Deus "desencarnado"

Esssa postura tem a ver com uma construção retrospectiva e com a subjetividade de Cantor. Além disso, ele deixou entender, também, que Deus – de quem ele se apresenta como mensageiro e embaixador – lhe teria revelado a teoria dos conjuntos. Mas, qual será esse Deus evocado por Cantor? Apesar de ser protestante, ele manteve diálogo apenas com teólogos católicos. É verdade que a Igreja Reformada nada manifestava de equivalente ao espírito insuflado por Leão XIII e que Cantor julgava ser vítima do ostracismo por parte dos pastores protestantes alemães. De modo que o debate com os representantes da Igreja Romana deve-se mais às razões que o afastaram da comunidade dos matemáticos e de seu protestantismo de origem do que às suas crenças religiosas. Quando Franzelin se referia a seu pertencimento religioso, não se pode afirmar que pretendesse convidá-lo a converter-se.[76]

De fato, o Deus de Cantor não pertencia a determinada religião existente: no que se refere a essa questão, afirmava ele, "meu ponto de vista não é confessional"[77]. Do ponto de vista filosófico, ele recusou sempre o *positivismo* e o *ceticismo*; sobre este ponto, ele estava de acordo com a Igreja. Sua crença em Deus evitou que ele viesse a soçobrar seja no primeiro, que elimina as questões metafísicas, seja no segundo, que leva ao ateísmo.

76. Eis o que, em 26 de janeiro de 1886, o cardeal escreveu para Cantor: "O que o senhor escreve sobre sua posição em relação ao catolicismo encheu-me de particular regozijo, sobretudo quando penso no seu entorno. Não posso ocultar minha tristeza por sua infelicidade de estar fora da casa-mãe. Para um homem com seu gabarito, é necessário refletir na religião que é a questão mais importante e decisiva diante da eternidade" (*Charraud 1994*, p. 173).

77. Carta enviada a senhora Pott em 7 de março de 1896 (citada em *Charraud 1994*, p. 173).

Deus era um apoio, sobretudo como resposta circunstancial: diante dos ataques de que era vítima e diante da dúvida pela qual, às vezes, era submerso em sua criação matemática.

4.3.3. O teísmo de Cantor

Ao reivindicar sua crença em Deus, Cantor pretendeu também corrigir as concepções errôneas dos contemporâneos: ao esclarecer os teólogos sobre as ciências e a natureza do infinito, além de ter levado os "leigos cultos a afastarem-se do ceticismo, do ateísmo, do positivismo e do panteísmo" que grassavam na época.[78] Seu objetivo era "reconduzi-los, aos poucos" para o único pensamento "conforme à razão", a saber, o *teísmo*, ou seja, a crença em um Deus pessoal, mas único, distinto do mundo, sem deixar de ser sua causa.[79] Trata-se do "Deus dos filósofos", sem encarnação, ao qual Cantor recusou, no texto *Ex Oriente Lux*, a paternidade do Cristo. Conciliar fé e razão, crença e ciência, tal era o único "dogma" de Cantor e a lição aprendida a partir da nova orientação da Igreja Católica.

De modo que, se recusamos, como é nosso intuito, "psicanalisar" retrospectivamente Cantor, convém concluir que ele estava mais interessado pelas implicações filosóficas e teológicas de sua teoria do transfinito que pelo papel do Divino em sua criação. Sem ignorar a importância de sua concepção de Deus, seu gênio criador afirma-se, em primeiro lugar – sobretudo para o leitor de hoje –, enquanto matemático. O homem Cantor sentiu profunda necessidade de Deus e reservou um espaço capital para o infinito divino; em compensação, sua

78. Carta enviada a Hermite em 21 de janeiro de 1894 (*Meschkowski 1965*, pp. 514-515).

79. "Em vez de uma religião, o teísmo é", dizia Voltaire, "um sistema de filosofia."

matemática, para ser desenvolvida, "não tem necessidade da hipótese de Deus"[80].

5. A filosofia cantoriana da matemática

5.1. Dupla realidade dos objetos matemáticos

5.1.1. Uma distinção capital

A distinção entre *infinito impropriamente dito* e *infinito propriamente dito*, assim como a discussão subsequente, dependem da concepção cantoriana do que é propriamente a matemática. Os infinitamente pequenos não são "realmente" números, mas "ficções". O verdadeiro problema de Cantor consistiu em explicar que os números transfinitos têm uma *existência efetiva*, em sentido semelhante ao que é atribuído, por alguns matemáticos, unicamente aos inteiros finitos. Com efeito, a dificuldade não é própria aos transfinitos, mas aparece já com os irracionais que, na matemática, teriam apenas "uma significação puramente formal"[81].

Nos *Grundlagen*, Cantor pensou em superá-la ao defender a *dupla* realidade dos números. Essa tese – segundo a qual era afirmada a existência *positiva* dos números transfinitos – complementava a argumentação apresentada mais acima[82]:

> Podemos falar da realidade ou existência dos números inteiros, tanto finitos quanto infinitos, em *dois* sentidos

80. Essa é, diz-se, a resposta dada pelo cientista francês Pierre Simon de Laplace (1749-1827) a Napoleão quando este o criticou por não ter mencionado Deus em seu *Traité de mécanique céleste*, de 1812.

81. *G.A.*, p. 172. O problema é diferente com os racionais que são razões de inteiros.

82. Cf., *supra*, 3.

que, ao serem considerados exatos, são dois aspectos sob os quais é possível considerar a realidade de qualquer conceito ou noção.[83]

5.1.2. A realidade imanente

A primeira realidade, chamada *intrassubjetiva* ou *imanente*, tem sua sede *no entendimento* ("imanente" significa aqui "pertencente propriamente ao sujeito cognoscente"). Ela é adquirida quando um conceito – aqui, um número –, qualquer que seja sua natureza, é definido com precisão, aparecendo claramente distinto no nosso pensamento; então, no nosso entendimento, ele ocupa *determinado* espaço, feito de relações e distinções internas, que impedem de confundi-lo com qualquer outro conceito. Por exemplo, os inteiros finitos são definidos, a partir de 1, por adições sucessivas da unidade (com a ajuda unicamente do primeiro princípio de engendramento). Para definir os ordinais transfinitos, torna-se necessário utilizar o segundo princípio de engendramento; a partir dessas definições, os dois tipos de números são bem distintos.[84]

5.1.3. A realidade "transiente"

Entretanto, existe outra realidade dos números designada por Cantor como *transubjetiva* ou *transiente*[85], ou seja, aquela que os números têm *fora do entendimento*, enquanto espécie de "expressão ou reprodução de processos e

83. *G.A.*, p. 181.

84. Cf. cap. V, 4.1.1.

85. *Transiente* – literalmente, "além do ser" – é um neologismo intraduzível que às vezes se traduz impropriamente por "transcendente" (é transcendente o que, em princípio, supera os limites do sujeito cognoscente). É preferível opor "intra" ("no interior de") a "trans" ("além de").

relações existentes no mundo exterior oposto ao intelecto" porque "as diversas classes de números representam potências que existem, de fato, na natureza física e espiritual"[86]. Mas, acrescentava ele em 1883, a matemática deve abordar unicamente a realidade imanente; a outra realidade assumiu, progressivamente, uma posição mais importante, à medida que Cantor continuava avançando na metafísica ("natureza espiritual") e nas ciências naturais ("natureza física").

Portanto, em relação aos números transfinitos, Cantor distinguia dois níveis de realidade: no *intelecto*, como conceitos; e, no *mundo real e espiritual* (fora do humano), como "objetos". No entanto, ele estava convencido da *interdependência* dessas duas realidades:

> Para mim, não há qualquer dúvida de que esses dois tipos de realidade encontram-se sempre associados, no sentido em que um conceito a caracterizar como existente sob a primeira relação contém sempre igualmente – sob certos aspectos que, inclusive, podem ser infinitamente numerosos – uma realidade *transiente*.[87]

5.1.4. A unidade profunda da matemática

Assim, aparece, em toda a sua generalidade, um tema recorrente em Cantor: o da *unidade*. Por toda parte em que a matemática o obrigava a estabelecer distinções (finito/infinito, enumerável/contínuo, cardinal/ordinal, uno/múltiplo), ele procurou restituir a unidade destruída. Por exemplo:

86. *G.A.*, p. 181.

87. *Ibid.*

1. A noção de potência permite distinguir o discreto do contínuo e, ao mesmo tempo, conferir-lhes "uma medida comum". Esse é o conceito básico da teoria dos conjuntos, a qual serve de fundamento para a unidade das diversas disciplinas matemáticas.[88]

2. A teoria dos inteiros finitos é baseada em um princípio que é válido também para o transfinito.[89]

3. A noção de unidade é essencial na concepção cantoriana do conceito de conjunto e na sua definição dos números transfinitos por abstração.[90]

4. A noção de limite permite estabelecer o vínculo entre a definição dos irracionais e a dos números transfinitos.[91]

Nos *Grundlagen*, essa preocupação constante com a unidade é tratada de maneira geral; cada uma das duas realidades remete à outra e Cantor via o fundamento dessa interdependência "na unidade do todo do qual fazemos parte"[92]. Entretanto, ele reconhecia que, para enfatizar essa união, a tarefa era extremamente complexa, dependendo do desenvolvimento natural da ciência em que se mostra a aplicabilidade de cada conceito matemático. Cantor defendia, portanto, uma dupla tese: as duas realidades estão reunidas em uma *unidade* que não se restringe à matemática; cada um de seus conceitos tem uma *aplicação* que lhe é exterior. Mas, por enquanto, limitemo-nos à matemática.

88. Cf. cap. V, 2.1. e 4.3.

89. Cf. cap. V, 3.2.1.

90. Cf. cap. V, 4.1. e 4.2.

91. Cf., *supra*, 3.3.3.

92. *G.A.*, p. 182.

5.2. *Uma matemática livre*

5.2.1. O primado da realidade imanente

Ao falar, nos *Grundlagen*, da interdependência mencionada mais acima, Cantor tentava extrair daí "uma consequência importante para a matemática":

> Para constituir seu material nocional, ela deve levar em consideração *única* e *somente* a realidade *imanente* de seus conceitos e, portanto, não tem obrigação de experimentá-los do ponto de vista de sua realidade transiente.[93]

Portanto, é próprio da natureza da matemática abordar apenas a realidade imanente de seus conceitos. Esse privilégio, "essa posição eminente", de acordo com a expressão de Cantor, é que distinguia a matemática de todas as outras ciências. E eis por que ela merecia "o nome de *matemática livre*", expressão preferível "àquela que se tornou usual, ou seja, matemática *pura*". Mas que significa precisamente, para Cantor, a expressão "matemática livre"? Temos um primeiro elemento de resposta em uma longa citação em que ele retomava as explicações fornecidas a propósito da realidade imanente dos conceitos e enfatizava uma imposição interna à matemática:

> A matemática é plenamente livre em seu desenvolvimento e conhece apenas uma obrigação: seus conceitos devem ser não contraditórios em si mesmos e, por outro lado, manter relações fixas, reguladas por definições, com os conceitos formados anteriormente, já presentes e garantidos. Em particular, para poder introduzir novos números, exige-se somente que sejam fornecidas suas

93. *Ibid.*

> definições, conferindo-lhes uma precisão e, se for o caso, uma relação com os antigos números, tais que seja possível, em alguns casos, distingui-los dos outros de maneira determinada. Desde que satisfaça a todas as condições, um número pode e deve ser considerado como existente e real na matemática.[94]

5.2.2. Não há liberdade sem restrições

Primeira exigência: a *não contradição*. Um conceito contraditório é um conceito vazio, sem correspondência com qualquer objeto: por exemplo, os conceitos "número inteiro finito, nem par nem ímpar", "número irracional relação de dois inteiros", "número real, nem positivo nem negativo". Não existe um número que *satisfaça todos* esses conceitos, do mesmo modo que são inexistentes objetos, tais como o quadrado circular ou o círculo quadrado. Em compensação, os conceitos – "número transfinito, nem par nem ímpar", "número real não razão de dois inteiros", "número complexo, nem positivo nem negativo" – nada têm de contraditório, em conformidade com as definições dos números transfinitos, reais e complexos, por um lado, e, por outro, com as regras que os acompanham.

Segunda exigência: qualquer novo conceito deve ser perfeitamente *definido* e sua relação com os conceitos já conhecidos, perfeitamente *determinada*. Assim, passa-se dos inteiros para os racionais por *divisão*; dos racionais para os irracionais pela operação "*limite* de uma sequência de Cauchy"; dos reais para os imaginários pela operação "*raiz quadrada* de um real negativo". Ora, todos esses procedimentos estão definidos no precedente domínio de números.

No caso dos números transfinitos, Cantor deu a conhecer seu caráter pretensamente paradoxal: o fato de

94. *Ibid.*

contradizerem algumas propriedades dos números finitos deve-se, justamente, à sua natureza. A primeira exigência é, portanto, realizada. O mesmo ocorre com a segunda: eles são definidos, a exemplo dos inteiros finitos, a partir da noção de conjunto. Assim, eles estariam em relação com eles: $\aleph_0$ é o cardinal de **N**, como 4 é o de $\{e_0,e_1,e_2,e_3\}$; ω é o número imediatamente superior a todos os inteiros finitos, como 4 vem depois de 3, ou é o limite da sequência dos inteiros naturais, como $\sqrt{2}$ é o de uma sequência de racionais. Pode-se, portanto, "enganchar" os números transfinitos aos números finitos por suas definições e pela transferência das operações elementares. Além disso, algumas de suas propriedades permitem distingui-los dos números finitos: por exemplo, $\aleph_0 + 1 = \aleph_0$, o que é falso a respeito de qualquer inteiro finito. Assim, os números transfinitos diferenciam-se por seu caráter aparentemente paradoxal.

Por conseguinte, ao ser *aceita* a existência dos inteiros finitos, *é impossível negar* a dos números transfinitos. Ao deixar de lado os paradoxos aparecidos ulteriormente, suas definições não apresentam qualquer contradição e seu vínculo aos inteiros finitos garante sua legitimidade, ao mesmo tempo que suas propriedades próprias evitam qualquer confusão. Com a condição de respeitar a dupla exigência indicada mais acima, a liberdade de criação do matemático deve ser irrestrita.

5.2.3. A liberdade da criação no domínio da matemática

Não é da alçada da matemática saber se os números transfinitos existem na realidade *transiente*; em virtude da independência desta disciplina em relação ao mundo espaço-temporal e metafísico, nada deve entravar a *liberdade de criação* do matemático, nem o avanço da matemática. Nada a recear dos princípios indicados mais acima, afirmava Cantor, que constituem uma restrição imperceptível, mas suficiente: por um lado, eles "deixam à arbitrariedade apenas uma tolerância extremamente limitada"[95]; por outro, é possível aperceber-se rapidamente da esterilidade e da inadequação de um novo conceito que, neste caso, deve ser abandonado.

Portanto, Cantor depositava uma grande confiança na matemática, em parte desmentida pela aparição dos paradoxos na teoria dos conjuntos, quinze anos depois da redação dos *Grundlagen*; a capacidade de autorregulação da matemática manifestou-se, efetivamente, mas em um sentido que, de modo algum, havia sido antecipado por ele. Sua teoria não é abandonada, justamente, porque os conceitos introduzidos são fecundos; mas, para corrigir as consequências indesejáveis dessa modificação, impuseram-se, na época – após debates – orientações estranhas ao pensamento de Cantor, entre as quais o método axiomático.

A liberdade do matemático afirmava-se em relação a eventuais aplicações da matemática ao mundo não só dos fenômenos, mas sobretudo da filosofia e da metafísica:

> Qualquer redução supérflua na evolução da pesquisa matemática parece-me comportar um enorme perigo que será tanto maior pelo fato de que nada se pode retirar da essência da ciência para justificá-la. Com efeito, a essência da *matemática* encontra-se precisamente na sua liberdade.[96]

95. *Ibid.* Para se livrar dessa "restrição lógica", Veronese "criou", arbitrariamente, os "pseudotransfinitos".

96. *Ibid.*

5.2.4. A rejeição de qualquer "a priori"

Cantor opunha-se aqui aos preconceitos que pudessem impedir o rápido desenvolvimento da matemática; daí, a refutação dos argumentos tradicionais opostos ao infinito atual. Para legitimar melhor seu combate contra a submissão das "ideias novas a um controle da metafísica"[97], Cantor apoiou-se na história recente de sua disciplina. Ele mencionou os trabalhos de vários grandes matemáticos do século XIX: ao deixarem de se preocupar com os problemas da filosofia e da aplicabilidade, associados às respectivas descobertas – portanto, ao trabalharem livremente –, eles fizeram progredir a matemática, ao mesmo tempo que seus estudos já haviam permitido notáveis aplicações às ciências naturais. De forma irônica, Cantor elogiou dois de seus inimigos:

> Se Kummer não tivesse tomado a liberdade, tão prenhe de consequências, de introduzir os números chamados "ideais" na teoria dos números, não estaríamos hoje em condições de admirar os trabalhos algébricos e aritméticos, tão importantes e notáveis, de Kronecker e de Dedekind.[98]

Vale lembrar que Kronecker havia criticado severamente a utilização do infinito em algumas das teorias cantorianas, em nome de princípios que pretendiam apoiar a matemática unicamente nos inteiros finitos.[99] Esses princípios, não totalmente infundados, são todavia

97. *G.A.*, p. 183.

98. *Ibid.* Os "números ideais" de Kummer são números complexos, cuja única justificativa consiste em permitir a comprovação de algumas propriedades da aritmética clássica; uma parte dos trabalhos de Kronecker e de Dedekind, referentes à teoria dos números e das estruturas algébricas, são uma consequência dessa descoberta.

99. Cf. cap. II, 2.3.

errôneos e estéreis, dizia Cantor, como havia sido demonstrado pelos aprofundamentos da análise empreendidos por Weierstrass, Dedekind e por ele próprio. Para que servem, afinal, os princípios em questão? Eles impedem o matemático de "soçobrar no sorvedouro do 'transcendente' em que 'tudo o que é possível' deve ser"[100]; portanto, limitam sua liberdade de criação. Felizmente, afirmava Cantor, esses princípios nem sempre haviam sido respeitados pelos próprios criadores. Portanto, a matemática estava livre de qualquer submissão à metafísica e à filosofia, fontes de preconceitos que eram outros tantos freios a seu progresso. Como essa liberdade constituía o caráter próprio da matemática, sua "essência reside precisamente na sua liberdade".

5.3. Formalismo e psicologismo submetidos à reflexão

5.3.1. A não contradição

Ao associar existência com não contradição, Cantor considerava que, para existir, bastava que o "objeto" matemático não estivesse em contradição com os enunciados da teoria de que ele faz parte (portanto, sem haver necessidade de uma demonstração "efetiva" de sua existência). Assim, Cantor adotava o credo do *formalismo*, cujas bases haviam sido lançadas por Hilbert no início do século XX, segundo o qual o matemático raciocina a partir de *signos* e não a partir do *conteúdo* de tais signos. Formulou-se, então, um sistema de axiomas, destituídos de significação intuitiva: em vez de enunciados que incidem sobre objetos verdadeiros, trata-se de *prescrições* (relações e regras) a serem respeitados por determinados

100. *G.A.*, p. 173.

símbolos.[101] Com o método axiomático, já não se procede à definição de *objetos matemáticos*, mas da *estrutura* constituída por eles; neste caso, sua descrição é feita por um sistema de axiomas.

Exige-se que tal sistema seja *não contraditório* ou *consistente*, isto é, que seja impossível extrair dele um enunciado e sua negação. A partir daí, a questão da existência identifica-se com a questão da não contradição, o que corresponde mais ou menos à dupla restrição formulada por Cantor e à distinção estabelecida entre *pluralidades consistentes* e *inconsistentes*. No entanto, vimos que o pensamento axiomático é estranho para nosso matemático.

5.3.2. Matemática e xadrez

Talvez Cantor tivesse defendido outro tipo de formalismo; em sua época, alguns pesquisadores concebiam a matemática como um *jogo* que regulamentava o uso dos signos, sem ser formulada a questão da respectiva *significação* (seria possível compará-la ao xadrez). No entanto, Cantor combateu vigorosamente tal concepção ao rejeitar qualquer tentativa para constituir uma teoria dos infinitesimais. Ele criticava seu caráter puramente *formal*: as expressões – "fantasmas e quimeras no domínio da matemática", "grandezas e números de papel" – encontradas, nesse momento, em seus textos remetem a entidades que existem apenas através de seus símbolos escritos. Com efeito, nessa teoria, havia uma construção arbitrária que se livrava justamente das exigências indicadas nos *Grundlagen* e do caráter intuitivo do axioma de Arquimedes.

Portanto, Cantor estaria vinculado profundamente ao *conteúdo* dos signos matemáticos, pelo menos depois da

101. Cf. cap. V, 4.2.

redação da dissertação de 1883.[102] No entanto, além disso, ele aceitava que a teoria dos irracionais de Heine era parecida com a sua: para este matemático, os irracionais eram simples signos para as sequências fundamentais; ao proceder dessa forma, a questão de sua existência e de sua natureza era neutralizada. Nos *Grundlagen*, Cantor concordava explicitamente com o primeiro ponto; em compensação, tudo leva a crer que ele não estivesse de acordo com o segundo.

5.3.3. Retorno aos irracionais de Cantor

Examinemos, portanto, sua própria concepção dos irracionais, neste aspecto bastante instrutiva. A dificuldade consiste em descrever, em poucas linhas, uma concepção verdadeiramente ambígua.[103] Lembremos rapidamente o procedimento de Cantor. Ao constatar que algumas sequências de Cauchy não tinham limite racional, ele começou por associá-las ao que não é um signo, nem um verdadeiro número. Depois de sua suposta demonstração segundo a qual eles são efetivamente os limites de tais sequências, Cantor decidiu designá-los por "números irracionais", em conformidade com sua intuição e pelo fato de que as operações definidas em Q podem ser aplicadas a eles. Cantor utilizava o "princípio de permanência das leis formais" de Hankel[104], que permite estender, a um

102. As críticas expostas mais acima foram apresentadas vários anos depois desse estudo.

103. Para outros detalhes, cf. Jean-Pierre Belna, "Les Nombres réels: Frege critique de Cantor et de Dedekind", in *Revue d'Histoire des Sciences* 50, 1997, pp. 135-145.

104. Hermann Hankel (1839-1873) trabalhou – a exemplo de Cantor que, desde 1870, havia lido suas pesquisas – sobre as séries trigonométricas; interessou-se, igualmente, pelos números complexos, assim como pela história e pela filosofia da matemática, cujos objetos são, em seu entender, criados pelo pensamento e ligados por relações arbitrárias.

novo domínio, as relações válidas em um domínio precedentemente conhecido, a exemplo do que ocorre quando se passa por etapas dos inteiros naturais para os números complexos.

A dupla exigência estabelecida por Cantor é respeitada: não há contradição em afirmar que qualquer sequência de Cauchy converge em **R**; cada irracional está associado à "sua" sequência fundamental de racionais pela operação "passagem até o limite". Uma vez que é possível "mergulhar" **Q** em **R**, isso pressupõe que se saiba sempre – pelo menos, em teoria – distinguir os racionais dos irracionais. No pressuposto de que se sabe o que é um racional, ou seja, uma razão de inteiros, são possíveis apenas dois casos: ou uma sequência de Cauchy de racionais tem um limite racional; ou não tem e seu limite é, então, um irracional. Será que se trata de uma verdadeira definição? Na realidade, Cantor *postulava* a existência de novos objetos matemáticos, associados a algumas sequências fundamentais e designados por ele, com base em sua intuição, como números irracionais.

Nesse sentido, Cantor foi *formalista*, mesmo que não considerasse os números reais como destituídos de sentido em si mesmos. Se é verdade que, inicialmente, cada sequência fundamental não estava associada a um "signo particular", esse signo – que se tornou número – a *representava*. Assim definidos, os números reais estavam dotados de uma realidade imanente, cuja contrapartida *transiente*[105], apesar de independente, seria garantida pela correspondência pontos da reta/grandezas numéricas. No entanto, em 1872, Cantor ainda não havia teorizado a distinção entre os dois tipos de realidade; sem essa referência, ele hesitou em relação ao estatuto verdadeiro das grandezas numéricas definidas, assim, por ele. Em 1889, ele irá transformá-las em "coisas abstratas de

105. Cf., *supra*, 5.1.3.

pensamento" por oposição às grandezas *concretas* como eram, por exemplo, os segmentos de retas.[106]

5.3.4. Como formamos nossos conceitos?

Essa análise foi confirmada nos *Grundlagen*: *a posteriori*, Cantor pretendia justificar a realidade imanente dos números, irracionais e transfinitos, "criados" por suas definições. Para isso, ele explicou o processo geral de formação dos conceitos em nossa mente:[107]

1. Em primeiro lugar, vamos considerá-los como formas "vazias", aqui associadas a sequências: um irracional *representa* uma sequência fundamental, enquanto ω *representa* **N** na ordem natural de seus elementos.

2. Nesses "signos", procuramos as propriedades pertencentes também a entidades já *conhecidas*: para os irracionais, a noção de limite e as operações elementares em **Q**; para os números transfinitos, a adição da unidade e a aritmética de **N**, assim como a enumeração de conjuntos finitos e a noção restrita de limite.

3. Uma vez definidos os novos números por essas características – o essencial é que elas sejam não contraditórias –, nossa *faculdade* para forjar conceitos determinados por definições precisas confere a realidade procurada a tais números.

4. Esses conceitos, que "se encontravam adormecidos em nós", apresentam-se, portanto, à *mente* como uma extensão *natural* de conceitos já conhecidos; portanto, não há qualquer razão para rejeitá-los.

Por esta explicação "genética", Cantor associava formalismo (pontos 1 e 2) com "psicologismo" (pontos 3 e 4).

---

106. *G.A.*, p. 114.

107. Cf. *G.A.*, p. 207, notas 7 e 8. A nota 8 remete justamente ao processo de passagem até o limite.

Após a redação dos *Grundlagen*, este último será predominante na filosofia cantoriana da matemática. Em 1883, Cantor ainda se encontrava no início do desenvolvimento da aritmética transfinita; desde 1884, a noção de abstração – que serve de fundamento às definições cantorianas dos números transfinitos – foi mencionada como resultante, ao mesmo tempo, da psicologia e da metodologia.[108] Trata-se de *abstrações* obtidas pelo que Cantor designou, nas *Beiträge*, por "faculdade ativa do pensamento".

5.3.5. Algumas negligências no domínio da lógica

Existem, certamente, razões matemáticas para proceder assim – cuja explicação foi apresentada no capítulo precedente –, mas as críticas de Frege e de Russell, expostas a seguir, são justificadas. O primeiro manifestou sua insatisfação relativamente à imprecisão da concepção cantoriana sobre a noção de conjunto[109] e ambos sublinharam que, por seu caráter psicologizante, as definições de Cantor para os números tornaram-se, do ponto de vista matemático, *não aceitáveis*: a do número cardinal não passava "de uma simples frase que indica o assunto abordado e não uma verdadeira definição", afirmava Russell; "o verbo abstrair é uma expressão psicológica e, como tal, deve ser evitada na matemática", dizia Frege.[110] O processo de abstração

108. Cf. cap. V, 2.4.

109. Em sua resenha referente ao texto *Sobre a teoria do transfinito* (1892), Frege criticava Cantor por permanecer "obscuro sobre o que entende por conjunto" (Gottlob Frege, *Kleine Schriften* [Coletânea de escritos breves], Hildesheim, G. Olms, 1967, p. 164). Ele não falava em termos de conjunto, mas de conceito, o que corresponde sumariamente à vertente "intensional" da definição de Cantor.

110. Bertrand Russell, *Principles of Mathematics*, p. 304; Gottlob Frege, *Kleine Schriften*, p. 165. Em outra crítica, Frege foi ainda mais severo. Ele comparou a abstração ao que, atualmente, poderíamos designar como um "pensamento mágico" no sentido em que ele supera o controle do matemático:

descrito por Cantor tinha a ver com a *subjetividade* e deveria ser substituído por uma definição em termos de relação de equivalência. Esse foi o modo de proceder adotado por Frege – desde 1884, ele chegou mesmo a definir o primeiro cardinal transfinito – e Russell; assim, apesar de não condenarem, de modo algum, os resultados da teoria cantoriana, eles refutaram seus fundamentos em nome dos procedimentos utilizados para encontrar as definições.

A austeridade do programa de Frege, baseado unicamente na lógica, suscitou a admiração de Cantor, mas "não era de seu agrado"[111]. Ambos estavam de acordo para afirmar que a matemática pura nada tinha a ver com os sentimentos, nem com as sensações, nem com as percepções; em poucas palavras, nada de empírico, de psicológico nem de intuitivo deveria suscitar a confusão nas definições que pretendem ser rigorosas. No entanto, Cantor não chegou a adotar esse programa, na medida em que somente em parte conseguiu eliminar a intuição de sua teoria dos irracionais. Outro aspecto mais grave foi o seguinte: ao basear suas definições dos números transfinitos em um processo de abstração, ele dissimulou o necessário *rigor lógico* para a definição dos conceitos matemáticos. Cantor trabalhou em um plano intuitivo que deveria revelar, rapidamente, seus limites pela imprecisão de suas definições e pela aparição dos paradoxos; daí as diversas tentativas, entre as quais a sua, no sentido de encontrar soluções para "a crise dos fundamentos".

---

entre as propriedades de um objeto, limitamo-nos a escolher aquelas que permitem obter o conceito desejado (cf. Gottlob Frege, *Écrits posthumes*, Ph. de Rouilhan e C. Tiercelin (eds.), Nîmes, Jacqueline Chambon, 1999, pp. 86-87).

111. Carta enviada a Vivanti em 2 de abril de 1888 (citada em *Dauben 1979*, p. 346, nota 2). A resenha de Cantor sobre os *Fundamentos da aritmética* de Frege (*G.A.*, pp. 440-441) mostra que, de fato, ele não havia compreendido o método utilizado pelo autor do livro para definir os números naturais.

5.3.6. "Os números são uma livre criação da mente"

A confiança quase cega de Cantor na intuição, traduzida pela capacidade do entendimento em formar totalidades (os conjuntos) e a criar novos números (os transfinitos) por abstração, não era da alçada da matemática, mas do *psicologismo*; ao misturá-lo com o *formalismo*, em um momento em que se tem o direito de exigir maior rigor, Cantor colocou a *liberdade de criação* do matemático no centro de sua concepção da matemática. De modo que ele poderia reivindicar esta frase de Dedekind:

> Os números são uma livre criação da mente.[112]

O problema consiste em encontrar bases sólidas para a matemática cantoriana e, de qualquer modo, mais sólidas que um apoio restrito à capacidade criadora da mente.

6. *Matemática e ciências naturais*

6.1. *Em favor de uma matemática útil para a ciência*

6.1.1. Primeira observação sobre o movimento

Cantor reivindicava sua condição de "matemático livre". No entanto, ele pretendia ter sido impelido para suas pesquisas abstratas não por questões estritamente matemáticas, mas pela ideia de aplicá-las ao mundo físico; daí o interesse manifestado, desde o início de sua carreira, pelas ciências naturais. Ao ingressar na universidade de Halle, em 1869, ele inscreveu-se na "Sociedade das Ciências Naturais" da cidade; nessa instituição é que ele fez, em 1873,

112. Dedekind, *Zahlen*, nº 73.

uma conferência sobre a história do cálculo das probabilidades, "parte da matemática muito fértil para as ciências naturais", de acordo com suas próprias palavras.[113] O projeto era explícito: descobrir, a exemplo de Pascal, uma vertente da matemática útil para as outras ciências.

Convencido de que a realidade imanente dos objetos matemáticos tinha sua contrapartida no mundo dos fenômenos e de que o transfinito existia *in concreto*, ele procurou rapidamente fundamentar uma nova física sobre conceitos relativos aos conjuntos. Um primeiro esboço foi publicado em 1882, na terceira dissertação da série sobre os conjuntos de pontos: servindo-se da topologia, ele mostrava que se pode imaginar perfeitamente um movimento *contínuo* em um espaço totalmente *descontínuo*, contendo uma infinidade enumerável de "furos". Ao evocar a ideia de refundição da mecânica, Cantor situava-se resolutamente em um movimento que vai da descoberta das geometrias não euclidianas, no início do século XIX, à descoberta da teoria da relatividade, no começo do século XX. Essa preocupação com a aplicabilidade de sua teoria era ainda mais explícita a meados da década de 1880, em particular na parte final do último artigo de topologia:

> Desde o início, empreendi essas pesquisas sobre os conjuntos de pontos, não por simples interesse especulativo, mas também com a expectativa de aplicá-las à física matemática e a outras ciências.[114]

113. *G.A.*, p. 357.
114. *G.A.*, p. 275.

6.1.2. Defesa do atomismo

Interrogado a propósito dessa preocupação em aplicar a matemática à física, Cantor desenvolveu sua teoria do *atomismo pontual*[115]. Para explicar os fenômenos, "é necessário recorrer a duas classes de elementos criados – independentes, indestrutíveis, simples, sem extensão e dotados de energia": trata-se dos "átomos corporais" que entram na composição dos corpos animados e inanimados, além dos "átomos do éter" que compõem o fluido através do qual se propaga a luz.[116]

Cantor aprofundou, então, uma tese já apresentada em outras circunstâncias, segundo a qual os objetos do universo existem em número infinito e os transfinitos estão presentes na natureza. O conjunto dos átomos corporais pertenceria à primeira potência (o enumerável), enquanto o dos átomos do éter pertenceria à segunda (o contínuo). Eis uma hipótese, reconhecia Cantor, baseada em estudos de físicos contemporâneos. Ela inspirava-se, sobretudo, em Leibniz: tomou-lhe de empréstimo a ideia das *mônadas*[117], consideradas como componentes derradeiras da matéria, comparáveis aos pontos da geometria. Como conclusão de seu último artigo sobre topologia, Cantor exprimiu a expectativa de que o estudo geral dos conjuntos

---

115. O atomismo é a doutrina, materialista e mecanicista, já defendida por alguns filósofos gregos, segundo a qual a matéria é constituída por átomos, ou seja, elementos indivisíveis e cujo tamanho é de tal modo reduzido que é impossível percebê-los separadamente; por combinações fortuitas, eles engendram todos os fenômenos do mundo sensível.

116. Carta enviada a Mittag-Leffler em 16 de novembro de 1884 (citada em *Charraud 1994*, p. 225). Segundo as teorias físicas em vigor na época, o éter era o fluido sutil que impregnava todos os corpos e vibrava sob a ação de uma fonte luminosa.

117. O termo deriva do grego *monas* ("unidade"). Leibniz definiu as mônadas como "substâncias simples, ou seja, sem partes, que entram nos compostos". Trata-se de "verdadeiros Átomos da Natureza e, em poucas palavras, os elementos das coisas", acrescentava ele.

de pontos permitirá validar sua hipótese e explicar fenômenos, tais como a luz, o calor, a eletricidade e o magnetismo.

Nas *Mitteilungen*, assim como nos *Grundlagen*, ele havia procurado, através da teoria abstrata dos conjuntos, "determinar as diferentes potências dos conjuntos presentes na natureza inteira"[118]. Cantor pretendia ter "alcançado seu objetivo graças ao conceito de número ordinal"; neste caso, a noção de tipo de ordem dos conjuntos ordenados com várias dimensões permitiria, em seu entender, unificar diversos aspectos dos corpos materiais. Inclusive no domínio da arte; daí, a descoberta de paralelismos bastante inesperados.[119] Em outros trechos, Cantor mencionava aplicações da teoria dos tipos à óptica, à química e, de acordo com sua expectativa, à biologia.

6.1.3. A Natureza como "organismo"

Cantor não podia ficar satisfeito com uma teoria puramente *mecanicista* da natureza, cuja apresentação se limitava a movimentos físicos. Em sua opinião, a mecânica e a física não usufruíam de uma liberdade semelhante à da matemática: para sua construção, elas devem adotar hipóteses de partida que não lhes pertencem propriamente falando. Eis por que se trata de disciplinas *metafísicas*, de acordo com a palavra utilizada por ele. Desde então, Cantor empenhou-se em encontrar uma explicação *orgânica* da natureza, tão matematicamente rigorosa quanto

118. *G.A.*, p. 387. E fornecia a seguinte precisão: "Contanto que ela seja acessível a nosso conhecimento".

119. Cantor pretendia que um quadro e uma sinfonia podem possuir o mesmo tipo de ordem; ambos são conjuntos infinitos ordenados com quatro dimensões. Cada ponto do quadro está associado a suas coordenadas, ao comprimento de onda e à intensidade de sua cor; cada instante de uma sinfonia ocupa um posto de acordo com seu lugar no tempo, com a duração, a altura e a intensidade da nota correspondente (cf. *G.A.*, pp. 421-422).

a explicação mecânica forjada por Newton. Tendo celebrado o gênio evidente do cientista inglês, ele não deixou de lhe atribuir a responsabilidade pelo positivismo e ceticismo modernos. Na teoria dos tipos de ordem, ele esperava encontrar a prova de que o mundo seria um "organismo" e não uma simples máquina.

Mas, o que é um "organismo"? Em princípio, um ser *vivo*, animal ou vegetal, dotado de uma *individualidade* própria. E de forma mais geral, um conjunto organizado, como se pode afirmar a respeito de uma cidade ou de uma sociedade; infelizmente, Cantor teve imensa dificuldade para fornecer *sua* definição do termo. Certamente, os elementos de um conjunto "apresentam-se como separados", mas, em seu tipo de ordem, "alguns estão reunidos em um organismo". Pode-se, portanto, considerar "todo tipo de ordem como um composto de *matéria* e de *forma*: a matéria é constituída por esses alguns conceitualmente distintos, enquanto sua ordem corresponde à forma"[120].

A noção de organismo não é, de modo algum, explicada, a não ser que sejam retomados os conceitos aristotélicos de *forma* e de *matéria*. Presume-se que a ideia torna explícito o fato de que qualquer número é uma *unidade*. Além de "uma aglomeração composta por unidades"[121], um número é, sobretudo, um conjunto ordenado (no sentido tanto matemático quanto amplo), em poucas palavras, um "organismo". Os transfinitos cantorianos são *unidades* porque se *reúne* aí uma *pluralidade* de *uns*; além disso, são verdadeiros *organismos* porque esses uns estão *ligados* aí de maneira *homogênea*.

Como tornar mais compreensível uma teoria tão especulativa e repleta de lacunas? Cantor visava provavelmente

120. *G.A.*, p. 380.

121. Cantor sublinhava que essa definição dos inteiros naturais, forjada por Euclides (*Elementos*, Livro VII, def. 2), era parecida com a sua, mas faltava-lhe indicar esse caráter unitário.

uma analogia com o que é um organismo vivo, composto por células que, do ponto de vista morfológico e funcional, são suas unidades fundamentais. Vê-se perfeitamente que, nos dois casos, a noção de unidade (constitutiva e totalizante) é essencial; mas, como levar mais adiante a metáfora sem se extraviar? Eis o que é seguro: para que haja organismo, é necessário que uma *lei* transforme um simples amontoado de indivíduos distintos em uma reunião ordenada de *unidades* diferenciadas.

Cantor chegou a avançar mais longe. Não é somente o tipo de ordem que é concebido como um organismo, mas a própria teoria que, supostamente, *se desenvolveria* "segundo uma necessidade lógica":

> Espero ter a possibilidade de publicar, em breve, o estudo desse organismo sob uma forma sistemática.[122]

6.1.4. Abandono de uma concepção da Natureza

Essa forma sistemática deveria ter sido a apresentação nas *Beiträge*; de fato, neste texto, a noção de organismo já não aparecia por ser logicamente inútil e matematicamente intraduzível. No entanto, permanecia sem solução a problemática do *uno* e do *múltiplo*; e, com ela, o vocabulário da abstração. São mantidas, portanto, definições dificilmente aceitáveis no plano matemático, justamente porque a noção de organismo continuava subjacente; e, mais ainda, uma concepção totalmente ultrapassada da física e, por conseguinte, da relação entre matemática e ciências naturais.

Incapaz de mostrar matematicamente o caráter unitário dos conceitos de conjunto e de número, Cantor viu desfazer-se um de seus sonhos: provar que o mundo é um *organismo*

122. *G.A.*, p. 380.

vivo, do qual as *Beiträge* teriam constituído o *livro*, como se fala do "Livro da Natureza". Visão dinâmica, teleológica (de *telos*, "objetivo", "fim"), associada à ideia de *criação* e de *produção* dialética dos conceitos matemáticos. Os esforços envidados durante mais de dez anos para mostrar que a teoria dos conjuntos era uma ferramenta de conhecimento da natureza redundaram em um fracasso, e Cantor deverá tornar-se mais modesto; sem deixar, por isso, de "admirar a imensidade da Natureza"[123].

6.2. *As três epígrafes das "Beiträge"*

As *Beiträge* foram redigidas sob o signo da renúncia: à demonstração da hipótese do contínuo, à noção de organismo, ao questionamento metafísico da teoria dos conjuntos e à expectativa de atingir um público que fosse além da audiência dos matemáticos. De acordo com suas próprias afirmações, Cantor já não procurava suscitar o interesse destes últimos para a teoria dos conjuntos e dos números transfinitos. Entretanto, as três citações latinas que serviram de epígrafe da obra são reveladoras de sua posição pessoal e estabelecem um vínculo entre o estilo particular de seus trabalhos anteriores e o estilo, impessoal, de uma depurada exposição matemática.

A primeira citação – "Eu não simulo hipóteses" – é tirada da conclusão da grande obra de Newton (*Princípios matemáticos da filosofia natural*), em que o autor apresenta sua teoria física do mundo. Neste caso, o físico inglês é visado porque, contrariamente ao que ele pretende, pode-se simular hipóteses na física e na metafísica; em compensação, isso é impossível na matemática porque seus fundamentos estão baseados na *exatidão*. Cantor negou sempre que suas teorias – e a matemática em geral –

123. *Cantor 1970*, p. 86.

pudessem apoiar-se em hipóteses já que as leis que regem a aritmética, tanto finita quanto transfinita, são *imutáveis*. A frase pedida de empréstimo a Newton é a assinatura dessa posição "absolutista" que ele opõe a Veronese nas *Beiträge*. De uma forma mais profunda, Cantor resumia, nesta primeira epígrafe, o que ele acreditava ser verdadeiro na obra de toda a sua vida, a saber: ter "produzido uma teoria matemática imortal, cujo caráter [é], no essencial, natural, necessário e absoluto"[124].

A segunda epígrafe provém de Bacon (*Escritos sobre a filosofia natural e universal*) que, no entender de Cantor, é o autor da peças de Shakespeare:

> Não devemos fornecer arbitrariamente leis à inteligência, nem às coisas, mas recebamos e copiemos, enquanto escribas fiéis, as leis reveladas pela voz da Natureza.

A ideia de que, na matemática, seja possível aventar hipóteses *arbitrárias* é rejeitada, desta vez, porque é a Natureza, ou Deus, quem nos *dita* as leis. A exemplo das leis do pensamento, elas não podem estar submetidas à fantasia de um capricho individual; pelo contrário, sua realidade *transiente* garante sua validade imanente e a ausência de ambiguidade. Portanto, a segunda epígrafe está intimamente associada à primeira, ainda mais quando se sabe que ela serve de cabeçalho de uma carta de Cantor enviada para Vivanti em que é condenada a tese da existência dos infinitesimais.[125]

Além disso, a referência à ideia de Natureza é, de certo modo, intencional. Cantor afirmava, em outros trechos, que ela é o "domínio do possível" – e vai repeti-lo nesta

124. *Dauben 1979*, p. 238.

125. Carta enviada a Vivanti em 13 de dezembro de 1893 (cf. *Meschkowski 1965*, p. 504).

carta – e que os números transfinitos, enquanto *possíveis*, existem no Intelecto Divino; uma vez que Deus está em causa, não há lugar para aventar qualquer hipótese. Os princípios da matemática, da teoria dos conjuntos e dos números transfinitos decorrem diretamente dele; por sua vez, as *Beiträge* são o registro fiel da matemática da Natureza. De modo que Cantor podia considerar-se como um simples intermediário entre seus leitores e o que lhe teria sido ditado por um Ser superior.

Por último, extraída do Novo Testamento (Epístola aos Coríntios), a terceira epígrafe confirma sua pretensão:

> Tempo virá em que as coisas atualmente ocultas a vossos olhos serão trazidas para a luz.

Sentindo-se incompreendido, Cantor estava persuadido de que o tempo contribuirá para convencer seus leitores da validade de suas concepções matemáticas e filosóficas. Ainda melhor: por serem coisas relacionadas com Deus, do qual Cantor afirmava ser o fiel mensageiro, ele considerava-se como o depositário dessa revelação. A frase soava como um eco à mensagem enviada ao pai, em 1892, pouco depois de ter recebido seu acordo para se dedicar ao estudo da matemática:

> Minha alma e todo o meu ser estão impregnados pela minha vocação; afinal, o homem vai conseguir *aquilo* para o qual é impelido por uma voz incógnita e secreta.[126]

126. Cf. cap. I, nota 3.

7. *Cantor e a tradição filosófica*

7.1. *Tentativa de síntese entre realismo e idealismo*

A filosofia da matemática é tão antiga quanto as duas disciplinas que ela associa. Para simplificar, consideremos que Platão foi o primeiro a ter lançado um olhar verdadeiramente filosófico em direção à matemática, o que o situa no foco de debates sempre atuais. Em que medida Cantor faz parte de uma tradição bem estabelecida? Eis uma questão difícil, cuja resposta detalhada está fora do objetivo deste livro.

Tanto mais que Cantor revelou um grande sincretismo através dos pedidos de empréstimo – às vezes, incoerentes –, praticamente a todos os grandes filósofos que foram citados, na maioria das vezes, de forma concisa, ou a quem ele se limita a fazer uma rápida alusão. Todavia, Cantor nos forneceu uma chave para abordar a questão: a propósito da tese da dupla realidade dos objetos matemáticos, ele afirmou nos *Grundlagen* que o fundamento de suas reflexões era, ao mesmo tempo, *realista* e *idealista*. Como essas duas concepções são, em princípio, opostas, eis um ponto de vista que facilitará nossa abordagem.

Infelizmente, em vez de uma, existem *várias* formas de realismo e de idealismo com toda a indeterminação associada a termos tão imprecisos. Na base do realismo, existe a ideia de que o "real" é algo diferente do pensamento. Assim, o mundo sensível – o que nos é dado pelos sentidos – é *diferente* das abstrações, noções e leis que extraímos dele; além disso, o que "é" existe *independentemente* de nosso conhecimento a seu respeito. Mas ainda será necessário chegar a acordo sobre o que é o "real".

7.2. *Cantor "realista"?*

7.2.1. Apropriação do realismo platônico

Em Platão, o mundo "real" não é o que *apercebemos* naturalmente, nem o das *representações* (mentais) que temos a esse respeito. Sua filosofia visa *superar* a simples percepção sensível, sistematicamente desvalorizada por ser incapaz de nos fornecer um verdadeiro conhecimento para ter acesso às "Ideias" – o Justo, o Belo, o Igual, etc. – que constituem o "real" e se encarnam no mundo sensível que é apenas seu *reflexo*. Por exemplo, a existência do Belo *em si* é que permite dizer de coisas individuais (um ser humano, uma escultura, etc.) que elas são belas.

Quando Cantor falava de realismo no trecho mencionado, ele dizia que os conceitos matemáticos existem em um "mundo exterior ao intelecto", a saber: "a natureza física e espiritual"[127]. Doze anos depois da publicação dos *Grundlagen*, ele voltou a abordar essa questão.[128] O contexto é diferente: ao mesmo tempo que preparava as *Beiträge*, Cantor interessou-se sempre pela teologia que impregnou incessantemente sua matemática. Os números (tanto finitos quanto infinitos) formam, de acordo com suas palavras, "um mundo de realidades que existem fora de nós, com um caráter de necessidade absoluta semelhante" às da Natureza. Melhor ainda, enquanto conceitos matemáticos, eles têm uma realidade e uma legitimidade maiores que aquelas baseadas em sua existência no mundo real porque, ao mesmo tempo *separada* e *coletivamente* (como totalidade infinita), os números

127. Cf., *supra*, 5.1.3.

128. Carta enviada a Hermite em 30 de novembro de 1895 (cf. *Dauben 1979*, pp. 228-229).

naturais "existem no mais elevado grau de realidade, como ideias eternas no Intelecto Divino".[129]

Essa tese é de inspiração platônica com a seguinte diferença: Cantor estava convencido da legitimidade de suas abstrações por estarem representadas perfeitamente no Intelecto Divino. Deste modo, ele adquiria a certeza de que todos os números transfinitos existem como ideias eternas e encontrava a contrapartida *transiente* de sua realidade imanente. Ora, Platão não havia abordado a dupla realidade dos objetos matemáticos, nem havia invocado Deus para garantir a realidade do mundo das Ideias e dos números. Portanto, Cantor não adotou em bloco o realismo platônico original, mesmo que tivesse feito referência explícita ao filósofo grego em vários trechos. Em particular, nos *Grundlagen*, texto em que ele afirmou que sua segunda "definição" da noção de conjunto remetia à Ideia platônica:

> Julgo que, assim, estou definindo algo que se aparenta com *eidos* ou *idea* platônica, ou também com o que, em *Filebo*, Platão designa por *mikton*. Ele opõe esse termo a *apeíron* – ou seja, o ilimitado, o indeterminado, o que designo por infinito impropriamente dito – e, ao mesmo tempo, a *peras*, ou seja, o limite; de acordo com sua explicação, trata-se de uma "mistura" ordenada desses dois termos.[130]

Mesmo que, em parte, seja justificada, trata-se de *uma* "leitura" de Platão. O objetivo da dialética platônica consiste em resolver a oposição dos contrários em uma unidade

129. Ver, igualmente, as *Mitteilungen* (*G.A.*, pp. 401-404), texto em que Cantor comenta profusamente uma citação de Santo Agostinho (354-430), de quem somos bastante tributários em matéria de filosofia do conhecimento e da teoria da semântica: "Sou contra aqueles que afirmam que Deus não pode abarcar o conhecimento das coisas que são infinitas".

130. *G.A.*, p. 204, nota 1 (cf. cap. V, 4.1.2.).

mais elevada. No diálogo mencionado, aqui[131], as Ideias são apresentadas como "unidades formais" em que se resolve a problemática do uno e do múltiplo, do limitado e do ilimitado, evocada por Cantor em várias oportunidades. Segundo Platão, cada um dos termos desses pares está separado do outro no mundo sensível; a tarefa do filósofo consiste em superar essa situação.

Por exemplo, afirma Platão, cada som emitido pela boca é uma *unidade*, enquanto é *um* som (assim como cada elemento de um conjunto é uma unidade). E existe uma *multiplicidade infinita* de sons que podem ser emitidos por uma *multiplicidade infinita* de indivíduos (do mesmo modo que os conjuntos podem ser infinitos). No entanto, sabemos distinguir os diferentes fonemas em vogais, consoantes, ditongos, etc. A infinitude dos sons é assim reduzida a alguns conjuntos de unidades, dos quais cada um é uma *pluralidade determinada*. Finalmente, a multiplicidade *infinita* dos sons torna-se um conjunto *finito* de letras que podem ser facilmente quantificadas e cujo vínculo é garantido pela arte da escrita.

Aparece também a noção de *misto*. Partindo do princípio de que o finito e o infinito estão presentes em cada coisa, Platão afirma que é possível transformar o infinito em uma espécie *qualitativa* (mas não *quantitativa*) que serve de referência ao diverso, ao mais e ao menos, ao excesso e à falta. Por sua vez, o finito tem a ver com o número, o limitado, o igual, ou seja, todas as relações estáveis da aritmética. Há finalmente o que Platão designa por mistura do finito com o infinito: a *medida adequada*, a *proporção* (no sentido matemático e estético do termo) que dão existência às coisas. No entanto, por sua temperança e função limitativa, o finito leva sempre a melhor

131. Platão, *Philèbe ou du plaisir* (*Œuvres complètes*, t. II, Paris, La Pléiade, 1950, pp. 549-634).

em relação à *desmedida* do infinito. Na vida, como na matemática ou na música, a mistura do finito com o infinito recebe sua unidade da aliança entre eles.

Portanto, Cantor tem o direito de transformar o conjunto em uma noção próxima da Ideia platônica com a condição de não omitir dois pontos essenciais:

1. Em Platão, os objetos matemáticos – e, especialmente, os números – não têm o estatuto de Ideias: apesar de existirem fora do intelecto, sua existência não é garantida unicamente pela matemática, justamente porque esta tem necessidade de hipóteses, contrariamente à filosofia. A aceitação da existência de um "terceiro mundo" – nem sensível, nem psíquico, no qual se encontrariam os objetos matemáticos – é possível apenas através do que se designa atualmente como "platonismo matemático".

2. No *Filebo*, Platão encontra efetivamente o infinito, mas unicamente sob a forma de *ilimitado*. Graças à função *mediadora* do número e da unidade, "deve-se abandoná-lo para sempre"[132].

7.2.2. Realismo moderado

Portanto, em vez de ter sido verdadeiramente platônico, Cantor encontrou no filósofo um apoio para resolver suas dificuldades; certamente, ao insistir sobre o fato de que um todo é mais que a simples soma de suas partes ou reunião de seus elementos[133], Cantor transformou o conjunto em uma "coisa existente por si mesma", possuidora de seu princípio de existência. A expressão aparece nas *Mitteilungen*, no contexto de uma reflexão sobre o infinito atual; nesse trecho, verifica-se uma oposição entre

132. *Ibid.*, 16e.

133. O que para os anglo-saxões é designado por caráter "holístico" da noção de conjunto.

os termos gregos *aphorismenon* (o *delimitado*) e *apeiron* (o *ilimitado*). Entretanto, em vez de Platão neste caso ele citava Santo Agostinho.

Eis algo que não é surpreendente já que alguns grandes filósofos da Idade Média adotam certa forma de realismo que consiste em afirmar que os *universais*, ou seja, os conceitos (ou espécies) universais (ser vivo, homem, número, etc.), existem *independentemente* das coisas singulares (Joaquim, Sócrates, dois, etc.) aos quais eles se *opõem*, sem deixarem de se *manifestar* neles. Neste sentido, Cantor – que justamente durante seu período "teológico" atribuiu o qualificativo de universais aos números transfinitos – identificava-se mais com esse tipo de realismo e não tanto com o de Platão; mas, em outros textos, adotou um tipo mais *atenuado*. Em seu entender, existia efetivamente um "em si" dos conjuntos, mas não dos números; os segundos são abstraídos dos primeiros que, por sua vez, são seus suportes.

Encontramos aqui a postura de Aristóteles, para quem não é necessário que os objetos matemáticos e, em particular, os números, existam realmente em um mundo que está fora de nós; basta que sejam abstraídos pelo pensamento a partir do mundo sensível. O filósofo grego estabelece uma cuidadosa distinção entre números "enumerados" e números "enumerantes": ao falar de cinco carneiros, tem-se um número "enumerado" porque se atribui "cinco" a um grupo de carneiros. O matemático ocupa-se apenas dos números "enumerantes", *separados* simplesmente pelo fato de servirem para enumerar por *abstração*.

Mesmo que sua noção de conjunto seja *conceitual* e não sensível, Cantor podia, portanto, apresentar-se como o defensor de um "realismo aristotélico moderado"[134]. Vimos como a noção de abstração é essencial à sua matemática no sentido em que ela associa diretamente um

134. *G.A.*, p. 382.

conjunto a "seu" número. No entanto, ao estabelecer o paralelismo entre Cantor e Aristóteles, esbarramos em dois obstáculos principais: 1) o caso dos conjuntos infinitos; e 2) o fato de que o primado do "pensamento abstrato" desqualifica Cantor enquanto realista.

7.3. *Cantor "idealista"?*

7.3.1. Cantor, intérprete de Espinosa

O primeiro problema encontra sua solução natural no fato de que Cantor estava convencido da existência concreta e espiritual dos conjuntos infinitos. O segundo diz respeito ao idealismo reivindicado por ele, na base do qual há a afirmação de que a *existência* está estreitamente associada ao *pensamento*: "Penso, logo existo", afirma Descartes; "conhecemos *a priori* as coisas enquanto elas se relacionam conosco", diz Kant.[135] E os conceitos matemáticos, acrescenta este último, são cognoscíveis apenas por serem construídos na *intuição*. Por ter privilegiado a realidade imanente dos conceitos matemáticos é que Cantor pode ser considerado *idealista*, a exemplo de Espinosa:

> O que designo aqui por realidade "intrassubjetiva" ou "imanente" dos conceitos ou noções poderia legitimamente coincidir com a determinação "adequada", no sentido em que essa palavra é utilizada por Espinosa: "Em meu entender, é adequada a ideia que, considerada em si mesma sem relação com o objeto, tem todas as propriedades ou denominações intrínsecas da ideia verdadeira".[136]

135. Descartes, *Discours de la méthode* (1637), in *Œuvres philosophiques*, F. Alquié (ed.), t. I, Paris, Garnier, 1963, p. 603; Kant, *Critique de la raison pure* (2ª ed., 1787), trad. de Tremesaygues e Pacaud, Paris, PUF, 1944, p. 19.

136. *G.A.*, p. 206, nota 5. A citação é extraída de Spinoza, *Éthique* (Livro II, def. IV), trad. de Ch. Appuhn, Paris, GF Flammarion, 1965, p. 70.

Uma ideia é *absolutamente verdadeira*, ou *adequada*, em e por si mesma, independentemente de qualquer relação com o objeto a que ela corresponde. Certamente, a adaptação a seu objeto ocorre pelo fato de ser verdadeira e não em virtude dessa adaptação. Ela existe *no* entendimento, como livre produção do intelecto, na ausência de qualquer determinação imposta de *fora*. E enquanto pensamento verdadeiro, ela é *automaticamente* ativa e fecunda, ou seja, espontaneamente produtora de outras ideias verdadeiras. Transposta aos conceitos matemáticos, encontra-se a tese cantoriana referente à realidade imanente dos números e à liberdade da matemática. Cantor cita outra vez Espinosa a propósito da correspondência entre realidade imanente e realidade *transiente*:

> A ordem e a conexão das ideias são semelhantes à ordem e à conexão das coisas.[137]

7.3.2. Outra interpretação do platonismo

No entanto, Cantor recorreu sobretudo a uma interpretação dada na época do platonismo:

> Nada, além do saber conceitual, consegue (segundo Platão) garantir o verdadeiro conhecimento. Entretanto, o grau de verdade de nossas representações deve corresponder a igual grau de realidade relativamente ao objeto de cada uma, e reciprocamente. O que pode ser conhecido existe; o que não pode ser conhecido inexiste; e exatamente por existir é que uma coisa é cognoscível.[138]

137. Spinoza, *ibid.* (Livro II, prop. VII), p. 75.

138. *G.A.*, pp. 206-207, nota 6. Cantor cita a obra mais conhecida do filósofo alemão e historiador da filosofia Eduard Zeller (1814-1908),

Este não é o momento apropriado para discutir a validade dessa interpretação. De acordo com a tese defendida aqui, a verdade é a adequação perfeita entre a ideia e a coisa que ela representa. Neste sentido, conhecer um conceito matemático é *desvelar* seu ser, sua "essência". Tese platônica, completada pela afirmação de que há uma analogia, um paralelismo entre o que conhecemos e o que é. Sob este último aspecto, ela é defendida, sob formas e graus diversos, não só por Espinosa, mas também, como afirma Cantor, por Leibniz. E temos, igualmente, Gödel, que já reivindicava o platonismo: em seu entender, existe um *isomorfismo*, ou seja, uma identidade de estrutura, entre o conteúdo dos enunciados matemáticos e o real.

7.4. *Realismo "teológico"*

No entanto, não esqueçamos que, no Cantor metafísico, a unidade da ideia com o real só é possível mediante Deus; neste aspecto, ele é o digno herdeiro dos grandes teólogos da Idade Média, em sua tentativa de conciliar *fé* e *razão*. Espinosa e Leibniz pertencem a essa tradição: partindo do Todo, do qual a consciência individual é apenas um modo, o primeiro empenha-se em fazer convergir o *espírito* e o *real*; por sua vez, para o segundo, cada *mônada*, ou substância individual, *exprime* o universo inteiro. Cantor apoiava-se, igualmente, em Deus para se apossar de uma característica do platonismo, segundo a qual os objetos e proposições no domínio da matemática existem eterna e independentemente do *sujeito* cognoscente – tese igualmente defendida por Bolzano e Frege: "Em relação ao conteúdo de meus trabalhos, sou

---

La philosophie des Grecs dans son développement historique, II, 1, 3ª ed., 1868.

um simples redator e funcionário", escreveu Cantor.[139] Contrariamente aos dois contemporâneos que extraem daí uma teoria *positiva* do conhecimento, o platonismo adotado por Cantor – menos epistemológico que teológico e religioso – se tornou muitas vezes misticismo.

7.5. *Uma conclusão difícil*

Vê-se como é difícil associar o pensamento cantoriano com uma única doutrina. Dificuldade tanto maior quanto a dicotomia realismo/idealismo não tem forçosamente toda a pertinência esperada, de modo que os pesquisadores procuram elaborar atualmente outras formulações para essa alternativa.

Diz-se, muitas vezes, que a "filosofia espontânea" dos matemáticos é o platonismo. Cantor é *realista* no sentido em que descobre um novo mundo que, aos poucos, se desvela à sua frente; e é *idealista* no sentido em que acredita na realidade imanente dos conceitos matemáticos. No entanto, ele é mais bem-sucedido como matemático e não tanto como filósofo; portanto, deve-se privilegiar sua prática no domínio da matemática e não suas reflexões a respeito dela. O que é o "cantorismo" – se é que o termo tem um sentido? Não uma filosofia desordenada e inacabada da matemática, mas a certeza inabalável da *existência*, em nós e fora de nós, dos conjuntos e dos números transfinitos porque eles podem ser "criados livremente" por definições baseadas unicamente na matemática.[140]

139. Carta enviada a Mittag-Leffler em 31 de janeiro de 1884 (Schoenflies, *op. cit.*, p. 16). Outras cartas exprimem um sentimento semelhante (cf. *Dauben 1979*, p. 239, nota 85).

140. Salvo que Zermelo (cf. cap. V, 5.4.3) teve de formular um axioma para garantir a existência de conjuntos infinitos.

Conclusão

No termo deste percurso movimentado, esperamos ter enfatizado suficientemente a beleza, a inventividade e a sutileza da matemática do infinito. Resta-nos evocar seu considerável alcance.

1. Em primeiro lugar, para os matemáticos. Ao inscrever o infinito no cerne da matemática, Cantor modificou radicalmente o aspecto desta disciplina, encontrando a solução para problemas antigos e suscitando novos questionamentos. Ninguém poderá ignorar suas contribuições relativamente à análise, à topologia e sobretudo ao fundamento da matemática: Cantor revolucionou sua disciplina, situando-se ao mesmo tempo em uma tradição, cujos primeiros atores haviam sido Bolzano e Weierstrass, além dos continuadores Zermelo, Hilbert e Gödel. Aliás, a pesquisa sobre a teoria dos conjuntos é um domínio da matemática que se mantém ativo e aqueles que trabalham atualmente sobre os cardinais *inacessíveis*, a axiomática da teoria dos conjuntos e a *cardinalidade* do contínuo, por exemplo, são os herdeiros de Cantor.

Seus trabalhos, mesmo corrigidos, fazem parte do patrimônio da matemática. Um especialista dessa disciplina, tão moderno e perspicaz quanto Hilbert, não se equivocou ao considerar a teoria cantoriana dos números transfinitos como "a flor e a perfeição do espírito matemático, além de uma das mais sublimes realizações da genuína atividade intelectual do homem"[1]. E já que os paradoxos parecem solapá-la, este matemático propôs remediar isso pelo método axiomático. Com efeito, acrescentava ele, "deve-se impedir que nos expulsem do paraíso que Cantor criou para nós"[2]: esse éden em que é possível manipular o infinito atual sem a reserva que havia entravado os predecessores de nosso matemático. E de fato ele não sofreu o castigo infligido a Adão e Eva: com um retrospecto de cem anos, a teoria cantoriana tornou-se um clássico e a obra de Cantor ainda é objeto de numerosos estudos de ordem histórica, epistemológica ou puramente matemática.

2. Em seguida, para os físicos. Vimos que Cantor tentou em vão aplicar sua teoria às ciências naturais e, em particular, à física. Outros o conseguiram por vias indiretas: a do cálculo das probabilidades[3], instrumento precioso da física contemporânea, relacionado com a axiomatização ZF da teoria dos

1. David Hilbert, *Sur L'Infini*, 1926, trad. de Jean Largeault, *op. cit.*, p. 225.
2. *Ibid.*, p. 227.
3. Inventado por Pascal, em 1654, para o caso *discreto*: joga-se uma moeda e a probabilidade de cair, por exemplo, do lado "cara", é igual a 1/2; ou um dado e a probabilidade de cair, por exemplo, do lado "6" é igual a 1/6. A teoria cantoriana permitiu que o matemático francês, Émile Borel (1871-1956) definisse, desde 1909, a noção de *probabilidade contínua*. Lancemos as flechinhas e, para complicar o jogo, vamos lançá-las, ao acaso, em direção ao alvo: qual é a probabilidade de atingi-lo em determinada zona A? *Intuitivamente*, ou seja, por um raciocínio *geométrico*, essa probabilidade encontrar-se-á na relação da área de A com a área do alvo. O grande mérito de Borel consistiu na *formalização* desse cálculo, tornando-o suficientemente geral, para sua aplicação a casos mais complicados. Para isso, ele introduziu a noção de *medida* de um conjunto pela associação da teoria cantoriana com a da integração, portanto, o cálculo infinitesimal. É assim que a medida do intervalo [a,b], incluído em [0,1] será seu comprimento b - a, e que a probabilidade para que um real x de [0,1] pertença a [a,b] será igualmente b - a (o comprimento de [0,1] é evidentemente igual a 1). De maneira geral, a medida de um conjunto qualquer (com a condição de que seja mensurável) é dada por uma integral.

conjuntos[4]; e a da mecânica quântica com a noção de *espaço de Hilbert* ou da relatividade geral com a noção de *variedade.*[5] Outras aplicações poderão ser eventualmente experimentadas no futuro: a teoria de Cantor tem apenas um século e a história da ciência é superabundante de exemplos de teorias da matemática aparentemente sem utilidade "prática", e cujas aplicações são descobertas posteriormente.[6]

3. Para os filósofos. Neste domínio, torna-se mais difícil avaliar a influência de Cantor: seu ponto de vista matemático sobre o infinito não chegou a ter uma formulação verdadeiramente filosófica; por isso mesmo, ele não é considerado como um verdadeiro filósofo, nem mesmo como um filósofo da matemática. E também não formalizou suas relações com os teólogos, cujos textos foram meditados, de uma forma aprofundada, por ele.

No entanto, a longo prazo, seu tratamento do infinito constituiu a resposta para questões que atormentaram filósofos e teólogos, justamente, durante séculos, no Ocidente ou nas civilizações judaica e muçulmana.[7] Em virtude da revolução cantoriana é que, nos dias de hoje, retrospectivamente, se pode encontrar, na tradição filosófica ou teológica, determinados pontos de vista ou intuições que teriam permanecido estranhos ou ininteligíveis

4. Esse foi o objeto da obra do matemático russo Andrei Kolmogorov (1903-1987).

5. As noções relativas aos conjuntos de *espaço de Hilbert* e de *variedade*, demasiado complicadas para serem definidas aqui, são pedidas de empréstimo à topologia.

6. Um exemplo, entre tantos outros: a descoberta das geometrias não euclidianas no início do século XIX, da qual a teoria da relatividade de Einstei é uma aplicação direta.

7. Remetemos o leitor para as seguintes obras: Tony Lévy, *Figures de l'infini. Les Mathématiques au miroir des cultures*, Paris, Le Seuil, 1987; François Monnoyeur (ed.), *Infini des mathématiciens, infini des philosophes*, Paris, Belin, 1992.

sem a ajuda dessa concepção positiva do infinito. Assim, Cantor tornou possível a elaboração de novas pesquisas interpretativas.[8]

A filosofia da matemática merece uma menção à parte: não há qualquer dúvida de que, sob a influência das concepções cantorianas, ocorreu uma renovação de seus objetos e de seus questionamentos. Em sua esteira, surgiu no início do século XX a querela sobre o formalismo, o logicismo e o intuicionismo; mais perto de nós, Cantor tornou-se a figura titular dos debates sobre o "platonismo matemático" – e, em particular, sobre a relação do discreto com o contínuo na teoria dos *grandes cardinais* ou na matemática *não standard* – de modo que ele pode ser considerado como um verdadeiro *profeta* de sua disciplina.

4. Finalmente, para os artistas. Um desenho de Max Ernst (1891-1976) – *Poèmes invisibles* [Poemas invisíveis] – ilustra a noção de bijeção até o infinito.[9] Um trecho do primeiro romance de Robert Musil confronta seu herói com o infinito: estendido na grama, observando o firmamento, o jovem Törless acredita ser capaz de atingi-lo com uma "escada bem comprida". E, no entanto, "quanto mais ele subia nas alturas", tanto mais longe parecia estar o firmamento:

> "Não existe fim, diz para si mesmo Törless; é possível avançar mais longe no infinito." [...] "O infinito!" Törless tinha ouvido falar com frequência desse termo no curso de matemática. [...] De repente, ele sentiu um estremecimento ao compreender que algo de terrivelmente inquietante estava associado a esse termo. Uma noção que lhe

8. Por exemplo, alguns trabalhos de Jean-Louis Gardies, Jean Petitot, Jean-Michel Salanskis, Hourya Sinaceur e R. Thom.

9. Cf. Denis Guedj, *L'Empire des nombres*, Paris, Gallimard, "Découvertes", 1996, pp. 118-119.

> havia sido escamoteada parecia [...] ter se soltado bruscamente; somente pelos passes de mágica de algum inventor, uma força irracional selvagem, destruidora, adormecida, despertava repentinamente e reencontrava sua fecundidade; ela estava aí, viva, ameaçadora, irônica, no firmamento que o dominava.[10]

Graças a Cantor, o infinito não tem mais a força irracional e destrutiva que teme Törless, mas sim vocação a alimentar uma vertigem peculiar à grandeza do ser humano: sua capacidade para dominar um *conceito* tão delicado quanto o do infinito. Assim, nossa dívida talvez seja "infinita" para com Cantor...

10. Robert Musil, *Les Désarrois de l'élève Törless* (1906), trad. de Philippe Jaccottet, Paris, Le Seuil, 1960, p. 101.

Glossário

Abscissa: uma reta orientada a partir de uma origem O, e que dispõe de uma unidade de medida. A abscissa de um ponto A é a medida – ou seja, o comprimento do segmento [OA] – que será positiva ou negativa, dependendo do posicionamento de A à direita ou à esquerda de O.

Análise: parte da matemática que aborda todas as noções associadas à noção de número real.

Aritmetização da análise: corrente de pesquisa no domínio da matemática segundo a qual a demonstração de qualquer teorema de análise deve basear-se exclusivamente na aritmética.

Arquimedes (axioma de): considerando a e b, ou seja, dois números reais estritamente positivos, tais que $a > b$, existe um inteiro n tal que $bn > a$.

Bijeção: aplicação de um conjunto em outro tal que qualquer elemento do conjunto de chegada é a imagem de um único elemento do conjunto de partida.

Boa ordem (teorema da): qualquer conjunto pode ser bem ordenado (cf., na página seguinte, Conjunto bem ordenado).

Cálculo infinitesimal: parte da matemática que aborda todas as questões associadas à noção de quantidade infinitamente pequena.

Cantor (teorema de): seja M um conjunto, finito ou infinito, e P(M) o conjunto de suas partes. Tem-se card P(M) > card M. Em outras palavras, para qualquer número cardinal *a*, existe um número cardinal *b* que lhe é estritamente superior.

Cardinal (de um conjunto): número dos elementos de um conjunto, deixando de levar em consideração a ordem de seus elementos.

Classe de equivalência: seja R uma relação de equivalência em um conjunto E. Uma classe de equivalência é um subconjunto de E constituído por todos os elementos de E em relação mútua.

Completo: um conjunto será completo para uma operação se estiver fechado para essa operação.

Conjunto bem ordenado: um conjunto E será bem ordenado se estiver munido de uma relação de ordem tal que qualquer subconjunto de E (incluindo E) possui um elemento menor.

Conjunto infinito: um conjunto será infinito se estiver em bijeção com um de seus verdadeiros subconjuntos.

Conjunto totalmente ordenado: conjunto munido de uma relação de ordem total (Cantor fala de "conjunto simplesmente ordenado"), ou seja, tal que dois quaisquer de seus elementos são sempre comparáveis.

Consistência: um sistema de axiomas será consistente, ou não contraditório, se for impossível derivar dele um enunciado e sua negação.

Continuidade: uma função *f* será contínua em um intervalo de **R** se, para qualquer valor *a* desse intervalo, a diferença $|f(a+\delta) - f(a)|$ puder se tornar menor que qualquer quantidade positiva dada, tomando δ tão pequeno quanto se queira.

Contínuo: um conjunto será contínuo se tiver uma potência semelhante a **R**.

Convergência: uma sequência (u_n) de números será convergente (tem um limite *l*) se, para qualquer $\varepsilon > 0$, existir um inteiro N tal que, para qualquer $n > N$, $|u_n - 1| < \varepsilon$, qualquer que seja *m*.

Coordenadas: seja um ponto em um espaço de dimensão *n* munido de um referencial. Se esse ponto for projetado sobre cada um dos eixos desse referencial, ele será determinado pelo dado de *n* números reais que são suas coordenadas nesse referencial.

Critério de Cauchy: uma sequência (u_n) de números corresponderá ao "critério de Cauchy", se e somente se, para qualquer $\varepsilon > 0$, existir um inteiro N tal que, para qualquer $n > N$, $|u_{n+m} - u_n| < \varepsilon$, qualquer que seja *m*; neste caso, ela é convergente.

Densidade: um conjunto será denso se, entre dois quaisquer de seus elementos, existir sempre, no mínimo, um elemento que lhe pertence.

Derivado (conjunto): considerando um conjunto de pontos, seu derivado é o conjunto de seus pontos de acúmulo.

De uma só peça (conjunto conexo): um conjunto será chamado "de uma só peça" se, entre dois de seus pontos *a* e *a*', existir sempre um número finito de pontos $a_1, a_2, ..., a_n$ tais que todas as distâncias $aa_1, a_1a_2, ..., a_na'$ sejam tão pequenas quanto se queira.

Dimensão: um espaço será de dimensão *n* se *n* coordenadas forem necessárias e suficientes para determinar a posição de qualquer ponto desse espaço.

Discreto: um conjunto será discreto se tiver uma estrutura análoga à de **N** ("discreto" opõe-se a "contínuo").

Disjuntos (conjuntos): dois conjuntos serão disjuntos se não tiverem qualquer elemento comum.

Distância: medida positiva de comprimento que separa dois pontos em um espaço de dimensão qualquer.

Elemento principal: seja um conjunto E munido de uma relação de ordem total <. *e* será seu elemento principal se e’ < e < e” implicar que haja uma infinidade de elementos de E entre e’ e e”.

Enumerável: um conjunto infinito será enumerável se tiver uma potência semelhante a **N**.

Equipotência: dois conjuntos serão equipolentes se existir uma bijeção de um sobre o outro (Cantor utiliza a palavra “equivalentes”).

Escolha (axioma da): para qualquer conjunto E não vazio, existe uma aplicação *f* de P(E) – conjunto das partes de E – em E, tal que se X é não vazio, f(X) ∈ X.

Euclides (axioma de): o todo é maior que sua parte.

Exponenciação: elevação de um número a uma potência.

Fechado: seja E um espaço topológico. Diz-se que um subconjunto de E é um subconjunto fechado se contém todos os seus pontos de acúmulo.

Fechamento: um conjunto será fechado para uma operação se, para todos os elementos desse conjunto, o resultado da operação for um elemento desse conjunto.

Função: é o estabelecimento de correspondência de um conjunto com outro (em geral, **R**).

Geometria projetiva: estudo da transformação das propriedades das figuras por projeção.

Hipótese do contínuo: hipótese segundo a qual não existe conjunto cuja potência se encontre entre o enumerável e o contínuo.

Inclusão: um conjunto A estará incluído em um conjunto B se qualquer elemento de A for também elemento de B.

Indução completa (princípio de): se uma propriedade for verdadeira de 1 e, se ela for verdadeira de *n*, ela será verdadeira também de n+1, então, será verdadeira para qualquer *n*.

Inteiro natural: número inteiro positivo ou zero.

Interseção: a interseção de dois conjuntos A e B é o conjunto constituído por elementos que, ao mesmo tempo, fazem parte de A e B.

Limite: uma função *f* tem um limite *l* em x_0 se:
$\forall \varepsilon > 0, \exists \alpha >$ t.q. $|x-x_0| < \alpha \rightarrow |f(x) - l| < \varepsilon$
Para o limite de uma sequência, cf. *Convergência.*

Número algébrico: número real que é raiz de uma equação com coeficientes inteiros. Por exemplo: $\sqrt{2}$.

Número complexo: número da forma a + bi, em que *a* e *b* são números reais e *i* a raiz quadrada de -1. Quando a = 0, o número é chamado "imaginário puro".

Número irracional: número que não se pode escrever sob a forma de fração. Por exemplo: π, $\sqrt{2}$.

Número racional: número que pode ser escrito como quociente de inteiros, ou seja, sob a forma de fração. Por exemplo: $-\frac{1}{2}, \frac{2}{3}$.

Número real: número que é um inteiro, um racional ou um irracional.

Número transcendente: número real que não é raiz de qualquer equação com coeficientes inteiros. π é um número transcendente, mas não $\sqrt{2}$.

Ordinal (de um conjunto): número dos elementos de um conjunto bem ordenado, quando se leva em consideração a ordem de seus elementos.

Perfeito (conjunto): um conjunto será chamado "perfeito" se for idêntico a seu primeiro derivado, portanto, a todos os seus derivados sucessivos.

Ponto de acúmulo: seja P uma parte de um espaço topológico E. Um ponto *x* de E será um ponto de acúmulo de P se toda a vizinhança de *x* contiver um ponto de P diferente de *x* (Cantor fala de "ponto limite").

Potência: sinônimo de "número cardinal".

Problema do contínuo: problema, insolúvel, suscitado pela posição da potência do contínuo sobre a escala dos alephs.

Produto cartesiano: sejam M e N dois conjuntos. O produto cartesiano de ambos (M x N) é o conjunto de todos os pares (m,n) em que *m* e *n* são respectivamente elementos de M e de N.

Relação de equivalência: uma relação binária R será uma relação de equivalência se for reflexiva – xRx –, simétrica – se xRy, yRx – e transitiva – se xRy e yRz, xRz.

Relação de ordem: uma relação binária R será uma relação de ordem se for reflexiva, antissimétrica – xRy e yRx implica x = y – e transitiva. Uma relação de ordem em um conjunto E será uma relação de ordem total se dois elementos quaisquer de E forem sempre comparáveis.

Reta real: reta orientada, dispondo de um sentido e de uma unidade de medida que fazem com que cada ponto seja correspondente a um único número real.

Reunião: a reunião de dois conjuntos A e B é o conjunto constituído por elementos que fazem parte de A ou de B.

Segmentos encaixados (princípio dos): seja $([a_n,b_n])$ uma sequência de intervalos de **R** tal que, para qualquer *n* inteiro natural, $[a_{n-1},b_{n-1}] \subset [a_n,b_n]$. Se $\lim_{n\to\infty}(b_n - a_n) = 0$, a interseção desses intervalos é reduzida a um elemento.

Semelhantes (conjuntos): dois conjuntos serão semelhantes se existir uma bijeção de um sobre o outro, respeitando a ordem dos elementos de cada um deles.

Sequência: uma sequência (u_n) é uma aplicação de **N** em **R**. Ela será crescente (ou decrescente) se, para qualquer *n*, $u_n < u_{n+1}$ (ou $u_n > u_{n+1}$).

Sequência de Cauchy: sequência que satisfaz o critério de Cauchy (Cantor fala de "sequência fundamental").

Série: considerando uma sequência (u_n), a série correspondente é a sequência $S_n = \sum_{i=1}^{n} x_i$.

Série trigonométrica: uma série trigonométrica é uma série de funções de termo geral a_n cos nx + b_n sen nx, em que *n* é um inteiro e a_n, b_n são números reais.

Topologia: parte da matemática que estuda as propriedades locais de qualquer espaço.

Transfinito: sinônimo de infinito no caso dos números.

Tipo de ordem: noção característica da ordem dos elementos de um conjunto; ela generaliza a noção de número ordinal.

Vizinhança: qualquer parte de E que contenha um aberto contendo *x* é chamada vizinhança de um ponto *x* de um conjunto E.

Indicações bibliográficas

Obras de Cantor[1]

– 1872, "Über die Ausdehung eines Satzes aus der trigonometrischen Reihen", in *Mathematische Annalen* 5, p. 123-132 (*G.A.*, pp. 92-102).

– 1874, "Über eine Eigenschaft des Inbegriffes aller reellen algebraischen Zahlen", in *Journal de Crelle* 77, pp. 258-262 (*G.A.*, pp. 115-118).

– 1878, "Ein Beitrag zur Mannigfaltigkeitslehre", in *Journal de Crelle* 84, pp. 242-258 (*G.A.*, pp. 119-133).

– 1879-1884, "Über unendliche lineare Punktmannigfaltigkeiten", in *Mathematische Annalen* 15, pp. 1-7 ; 17, pp. 355-358; 20, pp. 113-121; 21, pp. 51-58, 545--586; 23, pp. 453-488 (*G.A.*, pp. 139-246).

– 1883, *Grundlagen einer allgemein Mannigfaltigkeitslehre. Ein mathematisch-philosophischer Versuch in der Lehre des Unendlichen*, Leipzig: Teubner (*G.A.*, pp. 165-209).

– 1890, *Gesammelte Abhandlungen zur Lehre vom Transfiniten*, Halle: C. E. M. Pfeffer (*G.A.*, pp. 370-439).

– 1891, "Über eine elementare Frage zur Mannigfaltigkeitslehre", in *Jahresbericht der Deutschen Mathematiker-Vereinigung* 1, pp. 75-78 (*G.A.*, pp. 278-281).

1. Limitamo-nos a mencionar os textos a que prestamos uma atenção particular, além daqueles que não foram publicados nos *G.A.*

– 1895, “Sui numeri transfinite”, in *Rivista di Matematica* 5, pp. 104-109.
– 1895-1897, Beiträge zur Begründung der transfiniten Mengenlehre, in *Mathematische Annalen* 46, pp. 481--512; 49, pp. 207-246 (*G.A.*, pp. 282-356).
– 1932, *Gesammelte Abhandlungen mathematischen und philosophischen Inhalts*, ed. Ernst Zermelo, Berlim: Springer (nova ed., Hildesheim: G. Olms, 1966).
– 1970, “Principien einer Theorie der Ordnungstypen” (Erste Mittheilung). ed. Ivor Grattan-Guinness, in *Acta Mathematica* 124, pp. 65-105.

Cantor em francês

– 1883, *Acta Mathematica* 2.
– 1962, “Correspondance Cantor-Dedekind”, trad. de J. Cavaillès, in CAVAILLÈS, Jean, *Philosophie mathématique*, Paris: Hermann.
– 1969, “Fondements d’une théorie générale des ensembles”, trad. de J.-C. Milner, in *Cahiers pour l’Analyse* 10, pp. 35-52.
– 1989, *Sur Les Fondements de la théorie des ensembles transfinis*, trad. de F. Marotte (1899), Paris: Jacques Gabay.
– 1992, “Sur Une Question élémentaire de la théorie des multiplicités”, introd. e trad. de Hourya Sinaceur, em Institut d’Histoire et de Philosophie des Sciences et des Techniques, RIVENC, F. e ROUILHAN, Ph. de (eds.), *Logique et fondements des mathématiques. Anthologie (1850-1914)*, Paris: Payot, pp. 197-203.
– 1992, “Lettres à Dedekind des 28 juillet, 28 et 31 août 1899”, introd. de J. Sakarovitch, trad. de Michel Fichant, *ibid.*, pp. 205-214.
– 1996, *La Théorie Bacon-Shakespeare. Le Drame subjectif d’un savant*, ed. Erit Porge, Clichy: Grec.

Alguns estudos sobre Cantor

BELNA, Jean-Pierre. *La Notion de nombre chez Dedekind, Cantor, Frege. Théories, conceptions et philosophie*, Prefácio de C. Imbert. Paris: Vrin, 1996.

———. "Les Nombres réels: Frege critique de Cantor et de Dedekind", in *Revue d'Histoire des Sciences* 50, 1997, pp. 131-158.

BONIFACE, Jacqueline. *Les Constructions des nombres réels dans le mouvement d'arithmétisation de l'analyse*. Paris : Ellipses, 2002 (contém uma tradução parcial, para o francês, de "Cantor 1872" e "Cantor 1883").

CAVAILLÈS, Jean. *Philosophie mathématique*, pref. de R. Aron, introd. de R. Martin. Paris: Hermann, 1962.

CHARRAUD, Nathalie. *Infini et inconscient. Essai sur Georg Cantor*. Paris: Economica, 1994.

DAUBEN, Joseph Warren. *Georg Cantor. His Mathematics and Philosophy of the Infinite*. Princeton: Princeton University Press, 1979.

GARDIES, Jean-Louis. *Pascal entre Eudoxe et Cantor*. Paris: Vrin, 1984.

GRATTAN-GUINESS, Ivor. "Towards a Biography of Georg Cantor", in *Annals of Science* 27, 1971, pp. 345-391.

MESCHKOWSKI, Herbert. *Probleme des Unendlichen. Werke und Leben Georg Cantors*. Braunschweig: Vieweg, 1967.

ESTE LIVRO FOI COMPOSTO EM SABON CORPO 10,7 POR 13,5 E IMPRESSO SOBRE PAPEL OFF-SET 75 g/m^2 NAS OFICINAS DA GRÁFICA ASSAHI, SÃO BERNARDO DO CAMPO - SP, EM JULHO DE 2011